# 建筑室内设计
# 材料认知与表现

马 涛 著

中国建筑工业出版社

图书在版编目（CIP）数据

建筑室内设计材料认知与表现 / 马涛著. —北京：中国建筑工业出版社，2019.8
ISBN 978-7-112-24048-7

Ⅰ.①建… Ⅱ.①马… Ⅲ.①建筑材料 Ⅳ.①TU5

中国版本图书馆CIP数据核字（2019）第158131号

责任编辑：张幼平　费海玲
责任校对：芦欣甜

**建筑室内设计材料认知与表现**

马　涛　著

*

中国建筑工业出版社出版、发行（北京海淀三里河路9号）

各地新华书店、建筑书店经销

北京点击世代文化传媒有限公司制版

北京建筑工业印刷厂印刷

*

开本：787×960毫米　1/16　印张：17　字数：225千字

2019年9月第一版　2019年9月第一次印刷

定价：58.00元

ISBN 978-7-112-24048-7

（34290）

# 目　录

# 绪　论

## 0.1　室内环境污染

　　环境污染问题在室内设计与装修中逐渐突显，劣质材料与过度装修成为影响人们健康的重要隐患。各类媒体都不乏装修材料使人致病的报道，室内环境污染已经引起社会广泛关注。

　　环境医学研究指出，人类 4% 的疾病与室内环境因素密切相关。世界卫生组织（World Health Organization）在《2002年世界健康报告》中指出："全球近一半的人口处于室内空气污染中，据估算，36% 的下呼吸道疾病、22% 的慢性阻塞性肺病由室内环境污染引发"。[1] 中国建筑装饰协会发布的 2013年以来家居环境和室内装饰材料抽样检测数据显示："甲醛平均超标率为 70% ~ 80%，检测最高值超国家标准 4.2 倍；总挥发性有机化合物（TVOC）超标率为 75%，最高值超国家标准 5 倍"。[2] 2016 年 12 月，中国工程院院士、呼吸疾病国家重点实验室主任钟南山出席广州某论坛时指出："9 成白血病患儿家中曾进行过豪华装修，8 成家庭装修甲醛超标，7 成孕妇流产和环境污染有关，每年我国因室内环境污染引起的死亡人数高达 11.1 万人。"[3] 这些数据可以让人了解到室内环境污染对健康的严重损害。

　　室内环境污染主要来自于内部装修与家具陈设，装修和家具材料是污染物与有害物质源头。绿色环保成为室内装修选材的重要因素，也是室内设计最受关注的发展方向。我国室内装修行业在房地产的带动下得到快速发展，但由于行业进入门槛

[1] World Health Organization. Reducing Risks, Promoting Healthy Life: The World Health Report 2002[R]. WHO, 2002.

[2] 西北教育网. 现阶段室内环境污染正成为严重的环境问题 [EB/OL]. (2017-11-16) [2017-12-12]. http://xbjiaoyuwang.com/huanbao/2017-11-16/4466.html.

[3] 凤凰网资讯. 钟南山：9成白血病患儿曾遭遇这一室内"凶手" [EB/OL]. (2016-12-15) [2017-1-12]. http://news.ifeng.com/a/20161215/50422989_0.shtml.

[1] 中国产业信息网.建筑装饰行业市场集中度低解析 [EB/OL].（2013-05-14）[2014-6-8]. http://www.chyxx.com/industry/201305/203591.html.

较低，导致室内装修行业分散度高，市场集中度极低。从中国建筑装饰协会公布的数据来看，2010 年百强企业占行业产值仅为 6.17%[1]。这也使得室内装修行业规范性差、监管困难，不合格材料屡禁不绝，由此产生的室内环境污染现象较为普遍。虽然 2002 年颁布实施了《室内装饰装修材料、人造板及其制品甲醛释放量》《室内装饰装修材料有害物质限量 10 项强制性国家标准》《室内空气质量标准》等室内环境与健康方面的重要标准，但由于市场松散无序，监管困难，很多小型装修企业常常以次充好，欺骗消费者。同时，目前室内装修的整装程度较低，存在大量的现场手工制作，油漆、胶水也是造成污染的重要原因之一。另一方面，我国室内空气检测与治理市场乱象丛生，在企业资质、监测数据、检测标准等方面缺乏有效监管。

由于室内环境污染问题的普遍性和严重性，消费者对室内设计与装修的态度表现出担心和疑虑，在材料方面逐渐显现出一些负面影响。

（1）在材料选择上，过于偏重实木、石材等自然材料，即便很多合格的人造板材及装饰材料也难以获得消费者的信赖，加重了对自然资源的消耗。

（2）对室内设计产生了明显的掣肘作用，一方面表现为室内装修少作为、少用料以减少污染源，简化装修成为一种无奈之举；另一方面，选材受限使得空间表现效果受到极大影响，更加剧了对具有较高装饰性能的优质木材、石材的追求。

## 0.2 材料滥用

与此同时，我国室内设计行业中存在着严重的材料滥用问题，材料的盲目堆砌一直为人诟病，盲目使用大量高档材料，一味追求奢华，过度装修，借此彰显身份与品位。

材料滥用现象，从装修需求角度来看，反映了大众对高品质空间的狭隘认识，"将追求美观悦目空间效果的装修愿望理解为表象豪华的社会观念"[1]；从商业角度来看，设计与装修企业追求高利润，自然是引导业主多投入，使用高端、奢华材料；从设计师角度看，经验、能力和艺术修养的不足，往往借助高档材料的华丽外表，弥补在整体上把控空间氛围能力的欠缺，"凡人止好富丽者，非好富丽，因其不能创异标新，舍富丽无所见长，只得以此塞责"[2]。

从行业发展背景上分析，材料择用长期以来受到"装饰"思维以及风格化设计影响。

"装饰"概念根深蒂固，是社会对室内设计行业的认知现状。室内设计在我国经历了由"建筑装饰"到"室内设计"，再到"环境艺术设计"的转变[3]。如果以 1957 年中央工艺美术学院设立室内装饰系为起点，我国室内设计至今已有 60 余年的发展历程，经历了早期"十大政治建筑"、改革开放初期的涉外旅馆、酒店类建筑，以及自 20 世纪 90 年代兴起的住宅、商业、办公空间装饰热潮三个主要阶段。我国的室内设计脱胎于建筑装饰，直到现在很多行业工作仍在中国建筑装饰协会和中国室内装饰协会之下开展，虽然经过多年发展，室内设计在名称上摆脱了装饰的困扰，但社会对装饰的追求依然不减，"装饰"一词凸显了对室内行业认知片面的社会现状。

各类历史风格以及优质材料都是装饰的重要源泉，而且风格的表现也要依托于优质的装饰材料。市场上充斥着各种以历史、地域、文化冠名的设计之风，大量珍贵材料被滥用，造成极大的资源错配与浪费。材料仅仅作为风格演绎的手段，并具有相对稳定的择用模式，从而缺乏创新以及理性思考，室内设计的风格化现象成为材料滥用的重要推手。

风格是一定的地域、时代背景下不断发展并逐渐形成的一种相对稳定的造型、功能、技术等系统，在表征上可看作一定可识别的、清晰的符号系统。风格既是人们对空间环境探索的

[1] 郑曙旸.绿色设计之路——室内设计面向未来的唯一选择 [J]. 建筑创作，2002，（10）：36-37.

[2] 同上.

[3] 董赤 . 新时期 30 年室内设计艺术历程研究 [D]. 长春：东北师范大学，2010：192.

结晶，又为后人提供了宝贵的经验借鉴，在漫长的历史过程中得以不断传承和发展。

而风格化的设计是以营造和再现风格为目的，在设计过程中简化设计问题，忽视设计的基本原理，仅以风格的形式套用为手段。风格化的形式操作，往往缺失了对问题、原则、过程的考量，以结果替代过程，往往不是建立在对设计问题的综合权衡之上，设计的功能、技术、经济等问题需要服务甚至让位于风格表现。

改革开放是我国室内设计快速发展的起点，对涌入的设计思潮短时间内无法深入领会其内在逻辑与发展脉络，只是在表象上加以模仿、学习，从而催生了图像化、符号化、风格化的设计方式。"（20 世纪）80 年代我国建筑装饰行业是以楼堂馆所，特别是两千余家涉外旅游饭店、30 万套客房为主"，[1] 这一市场背景下，采用风格化的设计手法，将外来潮流快速移植到国内，是一种市场化的便捷方式。这一做法引领了市场，使人们形成了对室内设计的基本认知，从而对行业的后续发展产生了深刻影响。

20 世纪 90 年代房地产行业兴起，各种名目的设计风格充斥市场，室内设计亦步亦趋，推波助澜，风格化设计大行其道。

短短数十年我们已经进入多元化的设计时代，在这一新的时代背景下，风格化的设计方式重新找到依托。"多元化是个筐，什么都能往里装"，打着多元化的幌子，在实用主义与功利思想的影响下，以风格为主导的设计依旧拥有广阔的市场，风格化现象仍然十分严重。

室内行业中风格化设计的盛行与设计教育的滞后也存在密切关联，人才培养的数量和质量无法满足人民群众快速增长的对美好人居环境的需求。人才培养需要时间来积淀，但面对日新月异的社会变化，特别是房地产行业的飞速发展，设计人才及从业人员的培养无法及时满足市场需求，这也是造成室内行

[1] 黄白 . 对我国建筑装饰行业发展若干问题的认识和评估（上）[J]. 室内，1993（1）：14-15.

业"游击队"普遍存在的原因。面对大量的需求缺口，那些专业素养不高的设计和施工队伍，最善于打出模式相对稳定的"风格牌"，从而避免大量的设计与形式问题。

风格化作为一种快捷实用的方法，虽然在一定时期推动了我国室内行业的快速发展，但同时带来了严重的不利影响，导致设计的僵化，并陷入折衷主义、历史主义的误区，阻碍了创新思维的发展，催生了大量的模仿、抄袭、同质化现象。在新的时代背景之下，脱离了彼时的社会环境，盲目背书式地移植和套用，风格内在的适应性、积极性等因素被抽离，往往沦为形式的拼贴游戏，是对风格形式表征的沿袭，仅仅是一张"皮"，"风骨"已然不在。这种面具式的处理，只是表达了对过往的历史记忆，或是借此"重塑一种社会秩序"[1]，成为一种形式消费文化。

[1] 华霞虹. 当代中国的消费梦想与建筑狂欢：1992 年以来 [J]. 时代建筑，2010（1）: 126.

但是，在目前的社会和行业背景下，风格化设计已经成为不可回避的市场现象，特别是在家装行业，风格已经成为设计交流的主要内容；在部分媒体中，风格也已作为评价设计的主要语言；甚至在一些设计教育及培训机构中，风格化的设计手段成为教学的主体内容。这些现象都反映了风格化问题的严重性，以及社会对室内设计的错误认知，同时也警醒我们应该以更加积极的态度正视和解决这一问题。

落脚在材料方面，风格化的设计方法，一方面使得材料择用以风格为导向，特别是在欧洲古典室内风格的影响下，盲目使用高档奢华材料，材料堆砌与浪费现象严重；另一方面，在材料选择和使用手法上趋于程式化，不利于创新。如何正确看待和引导室内设计风格化问题仍然非常值得思考，对于材料问题的理性探索或将有助于这一现象的改观。

## 0.3　材料表现策略

本书讨论材料表现有以下几个基点：

（1）当设计选材受到束缚时，营造丰富的空间效果需要适宜的材料表现策略。

室内环境污染问题让人们在室内设计与装修中更倾向于自然材料，设计选材受到束缚，空间氛围营造随之受限，而满足人们日益增长的对美好生活环境的愿景，则需要更加丰富的、个性化的空间，这就使得对材料表现手法与策略的研究变得十分重要。

（2）普通材料通过适当的表现方式也可以营造高品质空间。

过度装修与奢华装修之中存在的材料滥用现象，造成大量珍贵材料的浪费，反映出在材料选择和使用上缺乏合理的依据和导向。优秀的空间品质并非仅仅与高档奢华材料直接对应，即便是普通材料，合理地选择表达方式也可以达成目的。

（3）材料的空间表现成为设计发展的重要趋势之一。

从 20 世纪 50 年代开始，现代建筑在多个方向得到发展，材料虽不是决定设计思想的根本问题，但作为思想表达的重要载体，具有一定的识别性。比如，粗野主义常采用的毛糙、沉重的混凝土，高技派对新材料、新结构、新施工方法的表现，地域性建筑对地方材料的表现，人情化建筑采用地方性材料，注重材料与空间的视触体验等。现代建筑的发展从强调技术与理性转向对人文关怀的后现代时期，价值多元化是这个时代社会文化生活的重大特征。材料使用更加注重情感，呈现出多元化的材料表现。建构、表皮作为近年来学界讨论较多的热点，两者都指向材料的空间表现问题：一个注重材料结构与构造性能的表现，另一个注重材料表面属性的呈现。关注材料的空间表现已经成为设计发展的重要趋势之一。另外，在知觉现象学的影响下，对空间氛围以及材料知觉属性的关注，也将材料的使用从形式与文化的过度依赖中解脱出来，回归到材料的自我呈现以及人对材料的知觉体验中来。材料从空间背景走向前台，从表现手段成为一种目的性存在,具有了自主表现的价值与意义。

任何空间都不是"空中楼阁"，需要借助材料这一物质基础来实现，其重要性和基础性毋庸置疑。相对于造型与色彩，材料的相关研究较少，并且多集中在实践层面，理论思考远不及前两者。而空间设计"从来就不只是一件将材料互相堆积而建造房屋的事情，而是以随着历史而变化的思想为基础，对那些材料进行深思熟虑的处理"[1]。本书以材料为对象，探讨在材料认知和表现基础上的空间观念与设计方法。当然，这一选择并不说明材料比其他更为重要，只是试图通过材料这一视角对空间问题进行解读。

针对以上论述，本书首先了解大众对材料的基本认知状况，这是材料选择和使用的基础；然后通过实验探讨材料表现因素对空间效果的影响，并深入挖掘材料的多种表现策略。

我国当代设计的学术讨论主要始于 20 世纪 80 年代，面对外来思想的冲击，结合社会现状，对设计问题展开了大量思考，材料在最近十多年来一度成为讨论的热点议题。

现有的材料讨论涉及建筑、室内、产品设计等相关领域，本书主要以室内空间为主体，但室内与建筑是紧密相联的，很难单独割裂来看，而且两者的职业分野是 20 世纪初叶才开始，作为一个新的学科，则是 20 世纪中叶的事情。因此，室内空间问题必然与建筑有着千丝万缕的联系，甚至在涉及 20 世纪之前的阶段更多是以建筑为中心的。在产品设计领域也有着广泛的材料研究，其方法与思路对本书研究也有着重要影响和积极作用。

1）室内设计中材料研究现状

室内设计中的材料研究主要集中在材料的具体应用（装饰材料、自然材料、新材料、软装材料等应用）、装饰语言（风格、地域、时代）、表面属性（质感、肌理、色彩）、文化意义等方面，材料择用过于关注形式问题以及文化与社会价值取向。

总体来看，室内设计领域中的材料研究偏重综述，记述了

[1] [美]迈克尔·布劳恩著.建筑的思考：设计的过程和预期洞察力 [M]. 蔡凯臻，徐伟译.北京：中国建筑工业出版社，2007：12.

材料相关方面的应用情况。在研究方法上大多采用文献法，结合案例分析以及前人研究，加上作者感悟进行综合演绎，以综述类文章居多，缺乏实验研究以及对材料问题的理性思辨，理论探讨不够深入。

在材料认知与表现方面，没有直接的、系统的论述，相关内容较为分散地存在于其他问题的讨论之中。这部分文献对本书的参考价值较小。

2）产品设计中材料研究现状

产品设计中的材料研究集中在材料感知意象方面，通过设置合理的视觉或触觉实验，以笔记本电脑[1]、手机[2]、家具[3]、灯具[4]等工业产品为实验载体，对材料的表面处理方式、质感、肌理、色彩等进行感知意象研究。

研究方法上多采用感性工学、多元尺度评量、语意差分、数量化Ⅰ类等方法，这些方法在工业设计领域较为成熟，但在室内设计的研究文献中鲜有类似的方法。这对本书具有较大启发，并提供了可行的方法及理论参考。

值得强调的是，工业产品与空间环境中的材料认知，在认知风格上存在一定差异。工业产品中的材料知觉专注于材料自身，用内在线索进行判断，不易受外界环境，即视场线索的影响，是一种独立于场的认知模式。而环境中的材料知觉判断则不限于材料自身，还会受到周边环境和使用条件的影响，即依赖外界视场中的线索进行判断，是一种依存于场的认知模式[5]。所以，在实验设计中要综合考虑这些差异。

3）建筑设计中材料研究现状

建筑中材料问题的研究成果颇丰，对本书有着极为重要的启发，主要集中在以下几个方面：

（1）在具体材料的讨论中，无论是传统的砖[6]、石、土、木，还是近代的混凝土[7]、钢铁、玻璃[8]、金属等材料，都有相关的专题论述，对材料在建筑中的表现进行了探讨[9]。

[1] 陈达昌.材质表面处理之质感意象探讨——以笔记型电脑为例[D].台湾：台湾科大，2009.

[2] 蔡承谕.视、触觉之形态与材质对产品意象影响研究[D].台湾：台湾云林科技大学，2004.

[3] 陈长志.木质材料意象应用在家具设计之研究[D].台湾：台湾南华大学，2007.

[4] 简丽如.产品之材料意象在感觉认知之研究——以桌灯为例[D].台湾：台湾私立东海大学工业设计研究所，2003.

[5] 任杰，金志成，龚维娜.场认知方式与外显内隐记忆的关系研究[J].心理科学，2009，32（5）：1103-1105.

[6] 赵明.建筑设计中的材料维度：砖[D].南京：东南大学，2007.05.

[7] 范文昀.混凝土的"显现"及其"诗意"设计初探——建构文化视野的材料本质探索[J].华中建筑，2009，27（1）：89-92.

[8] 黄杏玲，王宇，黄彬.玻璃的建筑表达[J].华中建筑，2003，21（5）：75-76.

[9] 李宇.建筑的材料表现力[D].上海：同济大学，2007.3.

（2）相关的材料议题广泛存在于建筑理论、建筑历史、结构与技术等讨论之中，比如建构、结构理性、表皮、面饰、风格类型（地域性、传统、现代主义、后现代、极少主义等）等方面。

（3）建筑师通过作品表达设计思想，材料是建筑师的物质语言，建筑师作品与思想的解析对全面了解材料观念具有重要的价值。而且很多建筑师也通过著书立说来传达其创作理念，其中不乏对材料的精辟论述。

（4）与其他人文社科领域的交叉研究中，结合艺术学、美学、现象学、符号学、环境心理学等知识进行材料问题的探讨。

以上几个方面，既有历史与理论问题的思考，又有具体材料、建筑师等专项论述，全面展示了材料的实践与理论构面，并积极回应了当下的建筑问题。关于材料认知与表现，在地域性、表皮等问题的讨论中，有数篇相近的论述，更多的思考则需要在上述相关文献中进行梳理。

另外，需要注意的是，室内与室外空间对材料的关注是有所区别的。室内材料与人的关系更为密切，距离更近，材料尺度更小，细节更为精细，表面质感更加清晰。无论是视觉、触觉等感观知觉，还是心理上的知觉过程，影响都更为直接。另外，建筑表皮由于承载的功能要求更为复杂（围护、保温、隔热、通风、采光），其构造与技术等问题更受关注，材料的知觉属性会受到限制。而在室内空间中，摆脱了外墙诸多功能的限制，表皮的"生理"功能直接让位于材料与形体的表达，更专注于人的审美以及表面材料的感知问题，表现力成为主角。

本书以上述研究为基础，吸收相关领域研究成果，梳理材料认知问题，展开认知现状调研，建立材料问题的基本认知框架；通过实验探讨材料表现因素对空间效果的影响，借鉴工业设计中常用的材料研究方法进行室内材料问题的研究，突破以往单纯依靠案例分析与归纳演绎的研究方式，并进一步探讨材料在氛围效果和创意效果上的表现策略。

# 第一章

## "物"的认知——材料的客体认知

### 1.1 材料的分类

根据研究角度的不同，材料可以有不同的分类方法。

按照材料发展过程可以分为传统材料（砖、石、土、木）、现代材料（钢筋混凝土、钢铁、玻璃、塑料）、新材料（高温超导材料、纳米材料、非晶态合金……）。

按照结构和用途可以分为结构材料、构造材料、防水材料、地面材料、饰面材料、绝热材料、吸声材料、卫生工程材料及其他特殊材料 [1]。其中，结构材料是指以强度、刚度、韧性、硬度等力学性能为特征的材料，以声、光、电、热、磁等物理性能为特征的材料被称为功能材料。

按照基本成分可以分为金属材料、非金属材料、复合材料（表 1-1）。

### 1.2 材料的基本性质

材料的基本性质包括物理性质、力学性质、与水相关的性质、耐久性、热工性质、光学性质、装饰性能等，详见表 1-2。

建筑与室内材料的选择与使用，要根据空间设计的功能性要求，综合各种限定因素，充分考虑材料所具备的性能，材尽其能、物尽其用。

[1] 西安建筑科技大学等 . 建筑材料 [M]. 北京：中国建筑工业出版社，2004：2.

材料按基本成分分类表 表1-1

| | | 黑色金属 | 铁、钢 |
|---|---|---|---|
| 金属材料 | | 有色金属 | 铜、铝、铅、锌、钛等以及各类合金 |
| 非金属材料 | 无机材料 | 天然石材 | 花岗石、石灰石、大理石等及各类装饰性石材 |
| | | 烧土制品及玻璃 | 砖、瓦、陶瓷、玻璃等 |
| | | 胶凝材料 | 气硬性胶凝材料:石灰、石膏、水玻璃等 |
| | | | 水硬性胶凝材料:各种水泥 |
| | | 以胶凝材料为基础的人造石 | 混凝土、砂浆、石棉水泥制品、硅酸盐建筑制品 |
| | 有机材料 | 天然高分子 | 蛋白质类:动物皮、毛等 |
| | | | 纤维素类:木材、竹材、藤材、棉、麻等 |
| | | | 其他类:天然橡胶、天然树脂 |
| | | 合成高分子 | 塑料、合成纤维、合成橡胶、胶粘剂、涂料等 |
| 复合材料 | | 金属-非金属材料、非金属-金属材料、无机-有机材料、有机-无机材料 | |

材料的基本性质 表1-2

| | 物理性质 | 密度、表观密度、密实度、孔隙率、空隙率 |
|---|---|---|
| 建筑及室内材料的基本性质 | 力学性质 | 强度、弹性和塑性、脆性和韧性、硬度和耐磨性 |
| | 与水相关性质 | 亲水性和憎水性、吸水性和吸湿性、耐水性、抗渗性、抗冻性 |
| | 耐久性 | 对物理作用、机械作用、化学作用、生物作用的抵抗,包括耐候性、抗风化性、抗老化性、耐化学侵蚀性等 |
| | 热工性质 | 导热性、热容量、耐火性、耐燃性、热胀性、熔点 |
| | 光学性能 | 反射、折射、透射 |
| | 装饰性能 | 颜色、光泽、质感、表面组织及形状尺寸 |

材料的基本性质很大程度上决定了表现性。表中所述的各种材料的基本性质,对材料的装饰能力和造型能力有着直接影响。

材料的颜色、光泽、质感、表面组织及形状尺寸等装饰性能是材料表面状态的直接呈现。光学性能反映了材料在空间中对光线的反射、透射、折射能力。透射率越高,材料透明度越好,反射率越高,材料的表面反光性越强,表现为高光材料。材料的各类物理性质对材料的肌理和质感呈现也有着直接的影响。材料表面的密实程度、孔隙率等，都会对表面属性造成影响，可以具体反映到颜色、光泽、质感、表面肌理等方面。

材料的力学性质是决定材料尺寸、造型、结构等问题的直接因素，对材料在空间中的呈现也有着重要的作用。

材料的耐久性能虽然不能直接反映到材料表面之上，但却是表达材料在时间向度中变化的重要因素。面对时间与岁月的历练，材料的老化、风化可以形成材料独特的时空魅力。

与水相关的材料性质，主要决定了材料的功能用途，对材料表现也有影响。比如亲水性能与微生物在材料表面的生存直接相关，进而影响材料的老化、变色等问题。

## 1.3 材料的属性

属性与性质有所区别。性质是指事物本身所具有的与其他事物不同的特征。属性是"事物本身所固有的性质，是物质必然的、基本的、不可分离的特性，又是事物某个方面质的表现，一定质的事物常表现出多种属性，有本质属性和非本质属性的区别"[1]。

属性并不能用来区分物体。如物体的质量、体积、颜色、形状等都是物质的属性，但凭借这些属性无法辨别是何种物质。

属性也常用于描述相似事物或者同类事物所具有的性质，如流动性是液体的一种属性。

在涉及材料问题的描述中，常常采用"属性"来进行。根据研究问题的角度，常将材料的性质划分为不同的属性进行论述，如视觉属性、触觉属性、生态属性、结构属性、表面属性、加工属性、自然属性、人造属性等。

探讨材料表现时，以上这些属性都有一定的关联性，最为常用的是表面属性、结构属性与知觉属性。

[1] 商务印书馆.新华字典 [M].
北京：商务印书馆，2012.

## 1.4　材料发展简述

### 1.4.1　土与烧土制品

人类最初构建栖居之所，其材料应易于获取和加工，土自然成为首选。黏土是最普遍的建筑材料，经过夯实、晾晒、烘烤等加工后，成为普及最广、规模最大的建筑产品族。理查德·戈德斯维特（Richard Goldthwaite）指出："似乎没有任何建材工业能像制砖业这样拥有如此广泛的地理分布。"[1] 直到现在，据估计，仍有近三分之一到一半的人居住在黏土制成的房屋中[2]。

以黏土为主要原料的建筑材料可以分为非烧结与烧结材料。凡是以黏土为主要原料，制成坯体，干燥后经高温焙烧而成的人造材料，统称为烧结材料，常见的有黏土砖、瓦、面砖、地砖、陶瓷、琉璃砖等。以黏土为主要原料，但不经焙烧的人造材料，统称为非烧结材料，如夯土、土坯。

在尼罗河、两河流域地区，随着河水的涨落，淤泥在滩涂上形成的土块成为早期的建筑材料；后来，人们用手工定形，然后放在太阳底下晒干制成土坯，并在黏土中混入稻草或谷壳作为骨料，改善泥块的强度，遂成为建筑的主要材料。两河流域地区还出现了烧制陶钉、琉璃砖，用于保护土坯墙面免受雨水侵蚀，早在公元前 4000 年左右，出现了采用圆锥形陶钉楔入土坯墙体的方法；大约在公元前 3000 年，发明了琉璃砖，使得土坯墙面的保护和彩色饰面得到较大发展，成为主要饰面材料。

公元前 3000 年左右，美索不达米亚最早出现烧制砖块，但砖的产量不大。埃及最迟在古王国时期已经会烧制砖头，统一上下埃及的第一个皇帝美乃特（Menet）在内迦达（Negada）的陵墓（约公元前 3200 年前）长方形的祭祀厅堂就全采用了砖[3]。古罗马的强盛带动了城市的发展，砖块经过烧制后性能

[1] Richard A Goldthwaite. The Building of Renaissance Florence[M].Baltimore：Johns Hopkins University Press，1982：177.

[2] Lynne Elizabeth and Cassandra Adams，eds，Alternative Construction. Contemporary Natural Building Methods[M]. New York：John Wiley，2000：88.

[3] 陈志华.外国建筑史[M]. 北京：中国建筑工业出版社，2004：7.

得到大幅提升，坚实度、耐候性、力学性能都使得它成为主要的建筑材料，出现在大浴场、会议厅、集市等各类建筑中；同时，制砖工艺随着古罗马的繁荣传播到了许多国家和地区。

基督教堂最早也是用砖建造的，但后来逐渐被优质的石材替代，只有在那些缺乏天然石材的地区才依旧使用砖块建造教堂，比如意大利北部、北海及波罗的海附近，并形成了独特的哥特式砖砌建筑风格。

古罗马帝国没落后，拜占庭继承和发展了古罗马的建造技术，砖是拜占庭中心地区的主要建筑材料，著名的圣索菲亚教堂下部采用 5cm×68cm×68cm 的砖，上部用 5cm×61cm×61cm 的砖砌建。

文艺复兴时期，砖砌体的主要特点是复杂的装饰和砌筑技巧的多样化，在不同地区有不同的倾向。在意大利以复杂的陶土装饰为特点，俄罗斯和希腊的绚丽砖饰来源于拜占庭传统。在英格兰的都铎王朝时期出现了大量复杂的砖形状和砌法[1]。

[1] 赵明.建筑设计中的材料维度：砖 [D].南京：东南大学，2007.5.

土也是我国古代主要的建筑材料，以"土"为偏旁部首的建筑类汉字众多，如墙、坯、垣、壁、坛、堰、坊、埠等，直接反映了土与建筑的重要关联。挖土筑巢是最早的建造方式，这一方式沿袭至今，窑洞仍是我国西北地区重要的民居形式。原始时期夯土技术就已广泛用于墙体与台基的夯筑，重要的建筑都建在台基之上，清代《工程做法》中记载有完善的大夯灰土筑法和小夯灰土筑法。土坯是建筑材料的重要进步，施工更加简便，便于门窗开设，适用范围更广。

在烧土材料方面，新石器时代就有一系列烧土建筑材料，如西安半坡遗址中的"烧土地面"，河南偃师二里头夏代晚期1号宫殿遗址中的陶质排水管道，陕西岐山凤雏西周早期宗庙遗址中的建筑用瓦等。砖广泛用于铺地、砌墙以及顶结构。战国时期出现了空心砖砌的墓室；秦汉时期，砖的使用及其技术有了长足发展，汉代出现了砖砌筒拱和拱壳结构，现有"秦砖汉瓦"之说;后期,砖的装饰性逐渐增强,如技艺精湛的砖雕。在汉代,陶瓦铺顶做法在富家住宅中已经较为常见,到了宋代,陶瓦铺顶得到普遍使用,宋代《营造法式》更明确规定了瓦作制度、功限和料例等问题。我国古人还发明了用长石、英砂、高岭土制作琉璃的技术,现存最早的琉璃瓦件来自于隋唐东都城址以及大明宫遗址。琉璃瓦在元代宫殿中广泛使用,明清时期琉璃技术更为成熟,在宫室及园林建筑上得到充分体现。[1]

不论在世界哪个地方,只要有黏土和燃料,人们就可以烧制砖块,砖自然成为最经济适用的建筑材料。第一次工业革命首先在英国爆发,开创了以机器代替手工工具的时代,19世纪,制砖工业中机器压模技术取代了传统的手工脱模,而且有了连续的隧道炉用于烧砖,砖产量陡增,为建筑业的蓬勃发展奠定了基础。

直至今日,砖仍是重要的建筑材料,同时,为了保护土地资源,黏土制品得到限制,转而采用其他材料如混凝土、石膏、工业废渣、废料等制砖,品种大大增加,性能也不断提升,形成了砖、砌块、板材三大类别。烧结砖种类有实心、多孔、空心三种形式的黏土砖、页岩砖、煤矸石砖;非烧结砖有蒸压灰砂砖、蒸压粉煤灰实心砖、多孔砖以及水泥混凝土实心砖、多孔砖;建筑砌块有烧结空心砌块、烧结空心复合保温砌块、烧结多孔承重保温砌块、混凝土空心砌块、轻骨料混凝土空心砌块(包括炉渣、浮石、陶粒)、混凝土复合保温空心砌块、蒸压加气混凝土砌块、石膏砌块、石膏空心砌块等;板材有蒸压加气混凝土板、GRC板、配筋陶粒板、水泥纤维板、蒸压硅酸钙板、纸面石膏板、石膏空心条板等。[2]

## 1.4.2 石材

在欧洲,人们将建筑称为"石头的史书"。史前时期就留下了远古人民丰富的石头构筑遗迹,如英国索尔兹伯里的古代

[1] 杨国忠,直长运.论"土"在中国古代建筑中的作用与地位[J].河南大学学报(社会科学版),2010,50(6):94-99.
[2] 陶有生.墙体材料的发展[J].砖瓦,2011(11):87.

巨石阵（建于公元前 2300 年左右）、马耳他岛的史前巨石建筑遗迹等。

古埃及已经具有高超的砌石工艺，最典型的是金字塔。金字塔所用石材的开采、运输以及砌筑凝结了古埃及人的智慧和辛劳，有的单块石材就有 50 吨重，在当时的生产力条件下，其难度之大令人震撼。金字塔内部走道里，砌筑的石头严丝合缝，连刀片也插不进，可见石材的加工和砌筑工艺也非常高超。在石材使用上，公元前四千年，古埃及人就会用光滑的大块花岗石板铺地面；公元前 2700 年建造卓瑟王（King Djoser）金字塔时最早采用了石材作建筑贴面的方法；中王国时期，古埃及人用整块石头制作方尖碑，最高的有 52m，重量达近千吨，细长比大致为 1∶10。

古希腊早期的庙宇采用木构架和土坯来建造，在边缘搭一圈棚子遮雨以保护墙面，形成了柱廊。由于木构架与土坯容易腐朽和失火，公元前 6 世纪以后，重要的庙宇都采用了石制的围廊式形制。古希腊的石制雕刻技艺精湛，是重要的建筑装饰，以帕台农神庙山花雕刻以及伊瑞克提翁庙女像柱最为闻名。在结构和施工技术方面大有进步，希腊人发明了许多机械设备如抓斗和滑轮组，用以运输和抬升石材。

古罗马时期，石材主要用作柱式、券拱、墙体面层。各种精美的柱式都采用优质的石材来制作，并施以精美的石雕装饰。由于使用了天然混凝土，石材在墙体中多用作面层，在墙体内外各砌一道石墙，把天然混凝土浇筑在其中。后来为节省石材，天然混凝土用模板浇筑，浇筑时在表面排一层方锥形石块，尖角朝里，底面形成规则的斜方格。由于不方便施工，后又改为内外用砖砌墙面，砖厚 2.4 ~ 4.5cm，呈等腰三角形，尖角朝里，利于与混凝土结合。在石或者砖的外面，再作装饰面层。早期是抹火山灰，灰里掺石碴，可以表面磨光。公元前 1 世纪末，渐渐流行大理石贴面的做法，用铜钩子把大理石同墙体连接，缝隙里灌砂浆。大理石最初 10 ～ 20cm 厚，到了公元 2 ～ 3 世纪，厚度可以小于 2.5cm，工艺水平很高。石材使用也很讲究，根据强度、耐风化能力、加工性能、色泽、纹理、价格等因素而区别使用。

中世纪的哥特教堂建筑具有完善的建筑艺术和建筑结构体系，堪称砖石砌体结构的典范。通过扶壁、肋架拱、束柱等结构构件，运用厚重的石材营造了轻盈、挺拔、向上飞升的艺术空间形态。

一直到 19 世纪中叶，石材仍然是最主要的建筑材料。在漫漫的时间长河中，石材记录了人类建筑历史演化的点滴过程，柱式的演变、穹顶的宏伟、教堂的高耸，记载了人们征服自然与建筑创造的过程。人们积累了关于石材建设的种种经验，在施工工艺、技术、设备、力学计算方面都有了长足进步。直到 19 世纪，伴随着工业革命的进展，钢铁、玻璃、钢筋混凝土逐渐成为建筑新的主宰，石材从最主要的结构材料转变为装饰性材料。

## 1.4.3 木材

中国具备世界上最完善的木制建筑结构体系，以宫殿、庙宇等类型为代表，展现了木结构独特的美学价值和稳定的结构性能 [1]。

在新石器时代的河姆渡文化遗址中发现了带有木楼板以及榫卯结构的"干阑"建筑。在仰韶文化的西安半坡遗址中（公元前 4800 年～公元前 4300 年），发现了以木柱支撑的半覆土建筑物；安阳的殷墟遗址中（公元前 1766 年～公元前 1122 年），出现了以砾石及铜片为柱基础的木质柱梁建筑形态 [2]；西周时期就能够建造重檐的大型木结构宫室。

到战国时期，我国木材加工已有相当水准，湖南长沙东郊五里碑 406 号墓中的棺椁皆用方木榫卯，榫接形式有插榫、银

[1] 于群，杨晓慧 . 木结构建筑的回归与发展 [J]. 沈阳大学学报，2004，16（6）.

[2] 王春雨 . 浅谈木建筑的发展历程作者 [J]. 山西建筑，2008，34（12）：53-54.

[1] 胡冬香. 中国古建筑木构
体系一脉相承之意识形态
原因浅析 [J]. 华中建筑,
2005, 23 (6): 16-18.

[2] 王春雨. 浅谈木建筑的发
展历程作者 [J]. 山西建筑,
2008, 34 (12): 53-54.

[3] 赵晖, 刘岩. 木结构在中国
的应用 [J]. 城市建设理论研
究 (电子版), 2011 (34).

锭、齿形三种；同期的墓葬中，还发现了企口缝和压口缝的拼
板 [1]。秦、汉时期已能够建造规模庞大的木结构宫殿。

北宋时期，李诫的著述《营造法式》（1103 年）详细介绍
了大木作、小木作、雕作、旋作、锯作等工艺，而且记述了工
料定额法规。

宋应星在《天工开物》中记载了多种明代木工工具：斧有
嵌钢和包钢，钻有蛇头钻、鸡心钻、旋钻和打钻，锯有长锯和
短锯，刨有椎刨、起线刨和蜈蚣刨，凿有平头凿和"剜凿" [2]。

清雍正十二年（1734 年），工部颁布了《工程做法则例》，
规定了 27 种不同房屋建筑的格局，对木结构的尺寸、木斗栱
的做法等做出了明确的规定，制订了房屋营造的工程标准，统
一了官式建筑的体制，使木结构建造技术进一步规范化。

在我国，仍有许多大型木结构古建保留至今。山西省五台
山的南禅寺，是我国现存最早的木结构建筑，重建于唐德宗建
中三年（782 年），距今 1200 多年。山西应县木塔是现存最高
的木结构楼阁式佛塔，建于辽清宁二年（1056 年），整体架构
所用全为木材，没用一根铁钉，全塔共应用 54 种斗栱，被称
为"中国古建筑斗栱博物馆"。故宫始建于明永乐四年（1406
年），距今 600 多年，故宫有木结构的各类殿宇 9000 多间，是
世界上规模最大、最完整的古代木结构建筑群 [3]。

欧洲建筑虽然以砖石结构为主线，但木材一直也是主要的
建筑用材，"原始茅屋"的起源说便是木材作为建筑材料的有
力证明。木材不但用于建筑结构，同时也是室内装饰、室内陈
设的主要用材。

在古埃及，尼罗河提供了芦苇、纸草和泥土作为建筑材料。
比较原始的住宅中常采用木材构架和芦苇束墙；相对于贫民的
住宅，贵族府邸也大都是木构架的，柱子富有雕饰；新王国时期，
公元前 14 世纪的阿玛纳宫殿也都是木构的，墙用砖砌，由于
本地木材不多，宫殿用的木材大都从叙利亚运来。希腊神庙早

期也为木质，后逐渐被石材所替代。到公元前 6 世纪，除屋架仍为木质外，其他部分都完成了由木材到石材的材料转化，这种材料转化最为直接的佐证存在于"三陇板"的争论之中。多立克柱式的三陇板和钉板本是木结构要素，在材料转换过程中得以保留。木制屋架长期以来都得到广泛应用，古罗马的公共建筑常使用木桁架，据记载，最早的木桁架是公元 2 世纪万神殿柱廊上的木桁架，跨度已达 25m。中世纪时期广泛采用木屋架，木屋架的形式也基本相同。15 世纪，英国出现了"托臂梁桁架"，与拱肋结合，跨度较大，威斯敏斯特大厅（Westminter Hall）采用的就是这种木构架，每一架拱由三组木头并排构成，并用木栓连接，屋顶结构的交叉处采用榫卯结构连接。哥特晚期的住宅大多也采用木构架，有梁、柱、龙骨以及起加强作用的结构构件，木构件一般采用露明作，多涂成蓝色、赭色、黑色或其他暗色[1]。

其他地区的木建筑也有自身的特点。俄罗斯民间长久以来流行木建筑，其构造区别于西欧的木构架建筑，采用圆木水平叠放成承重墙，在墙角，圆木相互咬榫，屋顶坡度很陡便于除雪，外观粗糙但保暖性好。北美地区的木板条风格建筑，房屋采用木构架，为了防风，在整个房屋外面钉上一层长条木板。北美殖民地风格建筑盛行于 18 世纪中叶，欧洲移民建造府邸时，最早采用英国的古典主义和帕拉迪奥主义，起初用木材做古典建筑的檐口、柱子、线脚，甚至用木材做成发券样式。但是木结构与古典外衣产生了尖锐的矛盾，后来，建筑为了适应木材特点发生了转变：柱子变细、变小，开间变宽，檐口、线脚薄了、简化了[2]。日本建筑中，各种天然材料如竹、木、草、泥土、毛石、树皮，合理地用于各种结构和构造，充分展现了其质地和色泽美，表达了对自然材料潜在美的认识。

木建筑的结构是一种牢固又具有弹性的柔性体系，节点设计虽有些复杂，但能够保证主要结构构件的连贯性，整个结构

[1] 施煜庭 . 现代木结构建筑在我国的应用模式及前景的研究 [D]. 南京：南京林业大学，2006：17.

[2] 陈志华 . 外国建筑史 [M]. 北京：中国建筑工业出版社，2004：272.

[1] [英]理查德·韦斯顿著.
材料、形式和建筑 [M].范
肃宁，陈佳良译.北京：中
国水利出版社，知识产权
出版社，2005：13-14.

[2] 李春棠.铜冶炼技术的历
史变迁 [J].资源再生，2009
（6）：34.

体系在外力作用下可以产生轻微晃动，以抵御地震影响。近代
木结构建筑的很多发展得益于胶粘剂技术的进步，胶合板在
20 世纪 50 年代成为建筑业的主要材料[1]。

近代工业革命以来，钢材、混凝土、玻璃等新型建筑材料
为建筑带来翻天覆地的变化，木结构建筑面对城市以及高层建
筑的快速发展显得有些应对乏力。目前，我国的木结构建筑比
例非常低，但北美以及欧洲一些发达国家拥有完善的轻质框架
房屋结构体系及配套建造技术，木结构房屋得到大力推广。在
北欧的芬兰、瑞典，90% 的民居住宅为 1 ~ 2 层的木结构建筑；
在北美，80% 的人居住在木结构住宅里。美国商务部的数据
显示，在 2009 年新建独户住宅中，壁式框架木结构房屋占总
量的 92%。现代木结构建筑在节能、低碳、环保方面优势明显，
而且抗震性能好、施工简便快捷，虽然在国内的应用尚不广泛，
但是，木结构对我国绿色节能建筑的发展意义重大，而且发展
前景广阔。

### 1.4.4　金属

金属是重要的建筑材料，但金属并不直接存在于自然界之
中，对金属冶炼技术的掌握程度是其是否可以在建筑中得以推
广和使用的重要因素。

人类早期就掌握了部分金属的冶炼与使用技术。铜是人类
最早发现和应用的金属之一。考古学家发现，最早铜的使用
可以追溯到公元前 6000 年，关于铜加工的最早记载是在公元
前 6000 ~ 公元前 4000 年地中海东部地区的铜制工具。公元前
5000 年，埃及已经掌握铜的冶炼与加工技术以制作工具、装
饰品等，在新王国时期，已经有了青铜的锯、斧子、凿、锤、
水平尺等工具。我国在夏商时期就进入了青铜时代，在甘肃马
家窑文化遗址发现的青铜刀，距今已达 5000 年[2]。古罗马人
首次将铜用于建筑之中，用铜和铅来制造屋顶和水管，万神庙

就有铜制的檐口和屋顶。哥特时期以及文艺复兴时期的建筑屋顶上，铜也得到了大量的应用。近代以来，铜冶炼技术得到飞速发展，大幅降低了生产和使用成本，为在建筑中的使用提供了支撑。1698 年英国开始采用反射炉炼铜；1865 年欧洲出现了电解精炼，大大提高了铜的纯度；1880 年出现转炉炼铜，冶炼周期大大缩短；19 世纪末到 20 世纪 20 年代，鼓风炉熔炼占主导地位；20 世纪 70 年代则以反射炉熔炼为主；20 世纪 60 年代以来，以闪速熔炼为代表的一批强化冶炼新工艺，逐渐取代了反射炉熔炼[1]。

铁是建筑中最重要的金属材料。河北藁城台西出土的商代铁刃铜钺，说明了我国商代已经开始使用铁[2]。公元 12 世纪，欧洲铸铁工艺得以完整发展；14 世纪以后，开始大规模生产熟铁；18 世纪，铁能够进行廉价的制造，在此之前，大规模的铁制构件造价非常昂贵。18 世纪初英国开始加工大型铁制构件，到 70 年代开始用于建筑的梁、柱以及机械之中。铁构件用来承重，再结合砖砌外墙，就可以建造多层耐火建筑，最适合厂房、仓库、市场等工业建筑的建造。19 世纪早期，铸铁构件可以用于代替承重墙砌体。之后，铁与钢材普遍用于建筑结构之中，19 世纪 60 年代钢筋混凝土的发明，使建筑得到前所未有的大发展。最早的铁建筑是 1835 年伦敦亨格福特集贸市场，最著名的是 1851 年的约瑟夫·帕克斯顿的水晶宫，展现了铸铁与锻铁所带来的新结构的可能性。另外，1889 年巴黎国际博览会，古斯塔夫·埃菲尔使用锻铁建造的铁塔，以及迪泰特（Dutert，建筑师）和孔塔曼（Contamin，工程师）设计的跨度 114m 的机械馆也展示了铁作为建筑材料的巨大潜力和艺术价值。

铁的性能受到了碳和其他杂质的影响。1855 年，英国人亨利·贝西默（Henry Bessemer）设计制造了第一个炼钢转炉，发明了碳含量控制技术，将空气注入铁水排除杂质的炼钢法，使钢材得到工业化、批量化生产。1856 年罗伯特·马希

[1] 李春棠. 铜冶炼技术的历史变迁 [J]. 资源再生, 2009（6）: 34.

[2] 吴杏全. 从商代铁刃铜钺谈我国用铁的历史 [J]. 河北经贸大学学报（综合版）, 2009, 9（3）: 55.

特（Robert Mushet）进行补充改进，使得贝西默转炉炼钢法成为现代炼钢业的基础。钢材用于低层建筑的结构不够经济，但对于高层建筑的发展至关重要。1891 年威廉·勒巴隆·詹尼（William Le Baron Jenney）设计了第一栋全钢结构建筑拉丁顿大厦。但钢材耐火强度低，而且易生锈，所以一般在钢材表面涂刷防火防锈涂料。在钢材中加入镍、铬，就成了不锈钢。钢材在建筑中成为代表时代与进步的力量。钢的使用是建筑发展史中最为重要的关键点之一，开启了新的结构形式，钢材成为20 世纪以来最普遍、最基础的建筑材料。

1845 年，铝首次生产出来，但当时加工工艺困难，铝被作为一种贵金属使用，甚至比金银还要贵重。19 世纪 80 年代，铝冶炼在美国已经具备了高效经济的特点。20 世纪 20 年代，出现了铝箔用于建筑防水层的做法。"二战"以后，炼铝业快速发展，装饰铝面板与幕墙得到广泛运用。

现在，金属被广泛用于建筑之中，在建筑中扮演着各种各样的角色，从结构到装饰，从室内到室外。金属，特别是钢材，最重要的是作为结构材料带给建筑新的发展，同时在建筑装饰中，金属板、穿孔金属板、金属网、金属格栅、复合金属薄板、金属夹芯板、金属编织物等也是常用的建筑围护及装饰材料 [1]。

### 1.4.5  玻璃

玻璃的历史可以追溯到大约公元前 3500 年，美索不达米亚人将硅石、石灰和碱的混合物加热到大约 700 ~ 800℃，得到含有部分玻璃态和未熔原料的混合物，学者称为费昂斯（Faience），早期的玻璃大多是不透明的 [2]。

公元前 16 世纪至前 13 世纪的埃及第 18 王朝，出现了透明瓶罐制造技术以及第一扇建筑玻璃窗。公元 1 世纪时，罗马人发明了吹管，创造了玻璃吹制法，制造出薄壁的玻璃制品，使玻璃生产由装饰品转变为瓶、罐、器皿等生活用品，是玻璃

[1] 张丽萍. 金属材料在建筑外立面的应用 [J]. 新型建筑材料年鉴，2005（7）: 66.

[2] Michael Wigginton, Glass in Architecture[M].London: Phaidon，1996.

制造的重大革新。也有的学者认为玻璃吹管是公元前 40 年在叙利亚产生的,以后罗马人推广应用。一般认为,罗马人最先在建筑窗户中使用大型玻璃。公元 1 世纪,罗马宫殿、豪华府邸中的窗子采用了面积相当大的、很透明纯净的平板玻璃,厚度只有几毫米[1]。罗马人先将玻璃塑成圆柱体,然后再在熔炉中压扁制成压延平板玻璃,再将玻璃放在木框或者铜框架中制作玻璃窗,这一工艺也随着罗马帝国的扩张传播到很多地区。

叙利亚在公元 1 ~ 3 世纪能制造冕牌玻璃,区别于压延平板玻璃工艺,其制作过程就像纺线那样使炙热的玻璃溶液呈丝线般源源不断地流出,并以画圈的方式倒入直径为 1m 的薄盘中,比一般的玻璃更薄、更均匀透明,但中间会有凹孔[2]。

玻璃马赛克是拜占庭时期建筑装饰的一大特点,在拱券和穹顶的内部表面由于弯曲不便于贴大理石,就采用马赛克拼贴作为装饰。中世纪时期,玻璃的使用创造了神秘多彩的教堂空间,彩色玻璃花窗营造了神秘的光线以贴合宗教场所氛围。哥特教堂几乎没有墙面,窗子很大,适于玻璃装饰,当时能生产出带有杂质的彩色玻璃,用它镶嵌成图画。

在我国,玻璃制造至少也有 2000 多年的历史。有关玻璃的记载始见于《尚书·禹贡》,称冶炼青铜时会产生一种似玉的东西,被称为"缪琳";"玻璃"这一词汇于魏晋南北朝时期随佛经传入而出现;王充在《论衡》中记载,东汉时期能制造一种较厚的透明玻璃叫"阳燧",可在日光下聚光取火[3]。

最早的透明玻璃是公元 15 世纪的威尼斯水晶玻璃。威尼斯人采用石英砂、结晶纯碱及其他较纯原料制成的玻璃,透明度和白度有较大提高,类似水晶。公元 1700 年,波希米亚人用含钾的草木灰和较纯的石英原料制造了透明的钾钙硅酸盐玻璃,其折射率和透光率均超过了威尼斯水晶玻璃,称为波希米亚水晶玻璃。17 世纪 70 年代初,英国人 Ravenscroft 开发了铅玻璃,折射率大、透光度高,易熔化,适合于成形复

[1] 陈志华. 外国建筑史 [M]. 北京:中国建筑工业出版社,2004:64-65.

[2] [英] 理查德·韦斯顿著. 材料、形式和建筑 [M]. 范肃宁,陈佳良译. 北京:中国水利出版社,知识产权出版社,2005:29.

[3] 汪卫华. 金属玻璃研究简史 [J]. 物理,2011,40(11):703.

[1] 王承遇，李松基，陶瑛，张咸贵.玻璃史上的十大里程碑及未来发展趋势 [J].玻璃与搪瓷，2010，38（3）：39-41.

[2] 黄颖.玻璃和金属的建筑 [D].重庆：重庆大学，2001.

[3] Victoria Ballard Bell，Materials for Design[M]. Princeton Architectural Press，2006：14.

杂的制品，而且硬度低，便于磨刻，命名为铅水晶玻璃（Lead Crystal Glass），不仅用于制造日用玻璃，也是光学玻璃、电真空玻璃的主要成分 [1]。

凡尔赛宫的大镜廊上安装了 17 面大镜子对应着西墙的 17 个窗户，造成了扑朔迷离的光影幻觉，造价颇高。18 世纪上半叶兴起的洛可可风格，室内墙面喜好使用镜面，悬挂大型晶体玻璃的吊灯，并在镜子前面放置烛台，营造摇曳迷离的光线效果。

直到 19 世纪玻璃才具有了相当的结构性能。19 世纪中叶，法国工匠古斯塔夫·法尔科涅（Gustave Falconnier）大批量生产出手工吹制的椭圆形和六边形玻璃砖。1847 年，詹姆斯（James Hartley）的专利技术，为玻璃用作建筑围合材料打下基础，为建筑师提供了全新的建筑创造手法 [2]。紧接着，1851 年的水晶宫，展现了玻璃和铁相配合创造空间的巨大潜力和优势。1907 年德国工程师德里希·丌普勒发明了联锁实心玻璃砖专利，使玻璃也具有一定的承重能力。20 世纪 30 年代欧文斯·伊利诺斯玻璃公司制造出了现在通常使用的空心玻璃砖 [3]。到了 20 世纪中叶，又有三种平板玻璃生产工艺投入使用：拉拔法、浇注法和轧制法。1959 年，英国的阿拉斯泰尔·皮尔金顿（Alastair Pilkington）发展了浮法玻璃制做法。浮法是平板玻璃生产的重大革命，到了 20 世纪 80 年代中期基本取代了其他压铸平板玻璃方法，占到约 90% 的比例，可以生产出大面积的、平整透明的建筑玻璃。再加上密封剂等辅助材料的发展，玻璃幕墙建筑成为可能。

20 世纪的后半叶，伴随着建筑业的繁荣，玻璃工业获得了突飞猛进的发展，在多方面进行改进以适应人们对建筑环境的安全、装饰、舒适、节能等要求，出现了钢化玻璃、层压安全玻璃、夹层玻璃、夹丝玻璃、着色玻璃、印花玻璃、浮雕玻璃、琉璃玻璃、马赛克玻璃、压花玻璃、磨砂玻璃、喷砂玻璃、中空玻璃、调光玻璃、镀膜玻璃、光致变色建筑玻璃、太阳能光伏玻璃等建筑玻璃用材。玻璃在环境控制、结构用途和表面与色彩处理方面都有着重大的发展，并为多元化的建筑观念表达提供了物质基础。

## 1.4.6 混凝土

一般认为，古罗马人首先发明了混凝土，公元前 273 年，罗马人将石灰华焚烧得到了石灰，与火山灰混合形成了天然混凝土，并用轻质的石灰华、白榴凝灰岩碎块以及砖碎片作为骨料。罗马混凝土称为 "Opus Caementitium"，其概念来自于拉丁文，Opus 代表工厂、结构工程、建造方法、建筑部件等；Caementitium 代表经加工的石材、碎石、砌墙砖、骨料等[1]。天然混凝土的使用对于空间建造来讲非常有利，罗马的建筑工匠将混凝土应用于筒拱和圆顶，建造了像万神庙、大浴场等气势恢宏的大型公共建筑，万神庙的跨度更是达到了 43.3m。可惜的是，随着古罗马的衰败，这种技术失传了。

1756 年，英国工程师约翰·斯密顿（John Smeaton）重新发现了混凝土技术，开启了近代混凝土的发展序幕。1796 年詹姆斯·帕克取得了罗马水泥的专利；1824 年约瑟夫·阿斯普定（Joseph Aspdin）获得硅酸盐水泥的专利，将其命名为波特兰水泥。

随后，不同国家和地区的工程师都在探索和发展钢筋混凝土技术。1854 年法国的来姆伯特（J.L.Lambot）使用铁条、金属丝网制造了钢筋混凝土的小船，同年，英国的威廉·威尔金森（William Wilkinson）将钢筋混凝土用于房屋结构之中，并申请了相关建造技术专利。19 世纪 50 年代到 80 年代，法国工程师弗朗索瓦·夸涅（Francois Coignet）进行了钢筋混凝土板的试验，利用熟铁加强的桁条来建造钢筋混凝土房屋。直到 1867 年，法国的一名花匠约瑟夫·莫尼尔（Joseph Monier）

[1] 吴正直. 德国建材发展史（三）混凝土——历史悠久的房建材料 [J]. 房材与应用，2003, 31（4）: 42-43.

取得了用铁丝网骨架浇注大型混凝土花盆的专利技术之后，钢筋混凝土技术才得到广泛的应用，其后又陆续获得了梁、板、管等多项专利。至此，钢筋混凝土在建筑中开始具有实用价值。19世纪70年代，法国建造师弗兰索瓦·艾内比克（Francois Hennebique）通过将钢筋弯曲使得楼板、梁柱形成一套连续的结构单元，并申请了建造混凝土房屋的钢筋混凝土系统专利，而且在欧洲许多国家中开设企业专门承接混凝土建筑工作。1870年，美国人怀特（Thaddeus Hyatt）开展了钢筋混凝土梁的制造和检测试验，确立了钢筋混凝土使用的基本原则；1884年德国的某建筑公司对钢筋混凝土的性能如力学强度、耐火性、钢筋与混凝土的粘结力等展开了一系列科学实验；1886年，预应力钢筋混凝土的概念由美国工程师杰克逊（Jackson）在楼板中应用；1886年，美国首先用回转窑煅烧熟料，使波特兰水泥进入了大规模工业化生产阶段；1887年，德国人科伦最先研究公布了钢筋混凝土的相关计算方法。

19世纪末，在多方面的试验和实践的经验之下，钢筋混凝土的工程设计方法基本确立，可以建造以钢筋混凝土结构为主的建筑。1896年，法国人费莱（Feret）提出了以孔隙含量为主要因素的强度公式；1918年，艾布拉姆公布了水灰比理论用以计算混凝土的力学强度，随后就出现了配合比设计法和各种工艺规程，使混凝土强度、耐久性以及均匀性得到了保证；1919年，法国著名的桥梁工程师尤金·弗瑞西奈（Eugene Freyssinet）在建设Plougastel公路铁路两用混凝土拱桥时发明了混凝土收缩、徐变理论，奠定了预应力钢结构混凝土的基础，从而混凝土技术得以用于大规模的结构[1]。

自此，混凝土技术得到了更为广泛的研究和使用，混凝土所具有的内在特性与品质在各类建筑中得到充分展现。混凝土常用的类型有钢筋混凝土、现浇混凝土、预制混凝土、混凝土砌块、蒸压多孔混凝土、纤维混凝土等。混凝土具有强大的耐

[1] [美]维多利亚·巴拉德·贝尔，帕特里克·兰德著. 材料、形式和建筑[M]. 朱蓉译. 北京：中国电力出版社，2008：53-54.

压性，再加入钢筋后，也具有很强的张力，同时，混凝土具有很强的塑形能力，通过控制建筑模板可以达到多数预期的形态，并且具有丰富的表面肌理效果和色彩表现能力。混凝土优秀的结构性能使其得到广泛的应用，可以用于制作梁、柱等线性材料，可以制作楼板、墙体、屋顶、壳体等面状构件，用于塑造雕塑般的三维空间形态，还可以作为墙体覆面的装饰性材料，甚至是仅作为材料粘结的辅料。

# 第二章

## "人"的认知——材料的主体认知

## 2.1 材料认知

认知可以简单解释为"认识和感知"，是人们对外部世界的感知和认识过程。

认知不仅是感官上的，更是个体内部对外部信息的加工处理过程，包含感觉、知觉、记忆、思维、表象、概念、语义、问题解决等内容，在心理学中是指通过形成概念、知觉、判断或想象等心理活动来获取知识的过程。

认知途径可以分为感性认知与理性认知。

感性认知是认知过程的初级阶段，是人的感觉器官对外界事物、现象、关系的初步认识和判断，具有直接性、具体性、表面性等特点。感性认识包括三种渐进形式：感觉、知觉与表象。感觉是感官对外部刺激的最初反映，根据人的肌体感官可以区分为视觉、触觉、听觉、嗅觉、味觉、肤觉等种类。知觉是认知主体依据经验和知识对感觉内容进行分析和综合的产物。表象是过往刺激在主体意识中的保存、再现或重组，是对事物功能和意义的理解与概括。从感觉到知觉再到表象，人的认识过程逐步深入，对外部事物建立了初步的形象认识。[1]

理性认识是认识的高级阶段，在感性认识的基础上，借助抽象思维，经过思考、分析，把握事物的本质，反映事物的整体、本质和内部联系，具有抽象性、间接性和普遍性特征，包

[1] 360百科.感性认识[EB/OL].
[2014-6-6]. http://baike.
so.com/doc/5552471-57675
80.html.

括概念、判断、推理三种形式。概念反映事物本质属性；判断反映事物关系；推理是通过规律对未知事物进行推导判断。[1]

材料认知不单是对材料自身性能的认知，还包括了能够对空间环境产生影响的材料结构、组织等环境属性的认知，这些因素对材料的选择和使用具有决定性影响。材料认知调研以及感性意象实验等内容主要以人们的感性认识为基础，对材料表现方法与策略的深入探讨是对材料问题的理性认知。

[1] 360 百科 . 理性认识 [EB/OL].[2014-6-7]. http://baike.so.com/doc/5922134-16135055.html.

## 2.2 材料表现

表现原意指"显露出来的行为、言论、特征等内容"，这里材料表现是指材料在空间中展现出的多种特征与属性。

材料作为空间营造的物质实体，自身所具有的表面属性是空间表现的基础和内在因素；同时，材料在使用过程中涉及的搭配、形态、组织、结构、技术等内容也是决定表现效果的重要因素，是材料表现的外部因素。这些内容在空间中得到综合呈现，可以被直观地感知，或者更进一步通过归纳、抽象得以理性认知。

## 2.3 材料的认知过程简述

材料在建筑中得以展现，涉及两个方面的问题：结构性与表现性。材料以物质形象示人，但却依靠结构才得以摆脱重力的限制。表现性关注的是结果，是材料以何种形式和姿态出现；结构性关注的是过程，是材料如何完成形式和姿态的空间呈现。表现性需要各种理念、美学的解释与阐述，结构性则依靠经验与技术，但两者之间并非完全独立，材料的结构形态同样具有表现性价值。

在漫长的建筑发展历程之中，材料的空间表现与结构性能一直是建筑的主要问题，两者相互影响，同生共进，经历了从经验认知到科学认知再到情感认知的三个阶段。人类认识和改造世界的能力主要来自于经验和科学两个方面。随着文明的发展、科技的进步，建筑的发展以及材料的使用逐渐呈现出从以经验为主导走向以科学技术为主导的趋势。早期的材料使用主要依靠实践经验来判断，逐渐地越来越以科学为基础，比如材料的力学、强度计算以及结构的分析与设计等。当经验与技术都成为设计的基础，伴随着设计理论的深入发展，材料的使用进一步走向情感认知阶段。对于材料结构性与表现性的探讨，主要对象还是材料这一客体；而对于情感性的讨论，研究对象有一定的转移，偏向于主体——人的认知，探讨人对材料的情感认知。

## 2.3.1 经验认知主导

西方建筑的发展从远古时期一直到文艺复兴之前，社会生产力与科学技术相对落后，建筑技术处于以经验为主导的阶段。材料作为建筑的物质手段，在完成结构作用的同时表现出一定的建筑艺术价值，材料的结构性和表现性处于同生共进的交融状态之中。

从远古时期一直到文艺复兴之前这一段时间也可以分为几个阶段：建筑起源时期的材料经验摸索、梁柱体系下的材料经验认知、拱券体系下的材料经验认知。

（1）建筑起源时期的材料经验探索

思考建筑中的材料问题，首先追溯到建筑的起源。人类在漫长的进化过程之中，逐渐积累了大量的生产、生活经验，而对于栖居之所的营建，则需要积累和综合多方面的经验与技术才可完成，而且经历了从被动顺应到主动建造的过程。

班尼斯特·弗莱彻爵士（Sir Banister Fletcher）将洞穴、茅屋、帐篷作为建筑的三种起源。"建筑虽然经历了极为多样

化的风格时期和复杂的演变过程，但它一定有一个最为简单的
起源，那就是为人类提供庇护，使其免受严寒酷暑和洪水猛兽
的侵害，以及抵御异族的入侵。"[1] 可以推测，人们最先表现
出的是一种对自然的适应与选择过程，将天然洞穴作为安全庇
护之所；但生存范围受到极大限制，后来仿效洞穴，开凿山体
或者石头砌筑房屋。在没有洞穴的条件下，人们通过对自然中
藤蔓植物的仿效来搭建茅屋，或者用动物毛皮搭成帐篷。在流
传至今的最早的建筑著述《建筑十书》中，维特鲁威做了以下
阐述："最初，立起两根枝形树杈，在其间搭上细木树枝，用
泥抹墙。另有一些人用太阳晒干的泥块砌墙，把它们用木材加
以联系，为了防避雨水和酷热而用芦苇和树叶覆盖。因为这种
屋顶在冬季风雨期间挡不住下雨，所以使用泥块做成三角形山
墙，使屋顶倾斜，雨水留下。"[2] 维特鲁威认为最早的构筑物，
是由自然法则和可用材料的固有品质所决定的。

关于建筑起源，《韩非子·五蠹》载："上古之世，人民少
而禽兽众，人民不胜禽兽虫蛇。有圣人作，构木为巢，以避群害，
而民悦之，使王天下，号之曰有巢氏。"杨鸿勋先生以考古发
现为基础绘制了我国原始建筑"巢居"和"穴居"的发展过程。

原始时期的建造活动经历了从被动顺应逐步到主动建造的
过程，在不断的建造实践中，人们逐步顺应并掌握了材料的性
质，积累了建造经验。人们从利用原始的洞穴开始，到慢慢地
掌握穴居、巢居，搭建茅屋与帐篷，在逐步掌握了这些材料和
建造经验之后，便可以主动地利用材料的性质，这为复杂的建
筑活动奠定了基础。"虽然并非所有的建筑变化与发展都由技
术进步来解释，但技术的发展确实对建筑形态的发展产生了重
大影响。建筑不得不依赖材料和加工工艺技术的发展。建筑材
料和它们潜在的性能从最开始形成了建筑物定型的基点。"[3]

早期的建造活动，就地取材，受制于材料与工具，对材料
结构性的关注要远大于表现性问题。正如梁思成先生指出："建

[1] 卫大可,刘德明,郭春燕.建筑形态的结构逻辑[M].北京:中国建筑工业出版社,2013:3.
[2] 同上书.4.
[3] [美]菲尔·赫恩著.塑成建筑的思想[M].张宇译.北京:中国建筑工业出版社,2006:29.

筑之始，产生于实际需要，受制于自然物理，非着意创制形式，更无所谓派别。其结构之系统，及形式之派别，乃其材料环境所形成。"

（2）梁柱体系下的材料经验认知

古埃及到古希腊时期是建筑中梁柱体系的发展与成熟阶段，人们已经掌握了充足的建造经验，对材料结构性能有了一定的认识，能够建造体量庞大的具有纪念性的大型建筑。

埃及在古王国时期（公元前3000年）建造了庞大的金字塔作为皇帝陵墓，展现了古埃及人非凡的建造能力。古埃及已经掌握了足够的经验来加工和运用巨石材料。新王国时期的神庙建筑多采用石制梁柱结构体系来营建，特别是柱廊和大殿，由于没有办法克服石材抗拉能力差的问题，石梁的跨度不能太大，一般柱间净空为柱径的2.5倍，所以形成了"百柱厅"的形式。古西亚地区缺少良好的石材和木材，建筑多采用土坯或夯土来建造，屋架一般采用木质，但重要的宫殿建筑也采用石质的梁柱结构，柱网也比较密集。

石质梁柱结构体系在古希腊时期高度成熟，古希腊的建筑技艺集中体现在雅典卫城的建造中，充分展现了古希腊人在材料结构性与表现性方面的技术与经验。

从公元前8～前6世纪，希腊建筑完成了从木建筑到石建筑的过渡，这一转变过程充分体现了希腊人对于这两种材料建造能力的认识。早期希腊庙宇都是木构架的，不利于防火和防腐，希腊人便采用陶瓦来保护木构架。陶片具有一定规格和形式，这促进了建筑构件的定型化和规格化。到公元前7世纪中叶，陶片贴面的檐部形式已经很稳定了，额枋、檐壁、檐口大致定型，并且具有一定的模数关系。当用石材来代替木材时，这种稳定的檐部形式则很容易地转化到石质建筑中[1]。

希腊人对石质的梁柱构件在形式、比例、组合等艺术处理上反复推敲，经过漫长的演进，在公元前6世纪下半叶，形

[1] 陈志华. 外国建筑史 [M]. 北京：中国建筑工业出版社，2004：39.

成了相对成熟稳定的做法，产生了两种标准柱式：爱奥尼式（Ionic）和多立克式（Doric）。希腊古典时期（公元前5～前4世纪）还产生了第三种柱式——科林斯柱式（Corinthian）。这些经典的柱式被古罗马继承并得以发扬光大。

这一时期虽然有很高的建筑成就，但由于没有克服石材的抗拉能力较弱的问题，总的来说，建筑内部空间不够宽敞宏大，其艺术成就主要集中在建筑外部，就连雅典卫城的建筑，其室内仍然是较弱的。如果说建筑的最终目的在于空间的营造，那么这一时期，虽然已经可以营建具有宏大体量的建筑外部空间，但对于建造宽敞明亮的内部空间，受石质梁柱体系中的跨度限制，还不具备充分的经验和技术积累。

（3）拱券体系下的材料经验认知

从古罗马到中世纪这段时间，人们充分认识了石材的建造性能，掌握了拱券体系的建造经验，出色地解决了用石材来架设大跨度结构的问题。借助拱券、拱顶、筒拱、帆拱、穹顶、尖拱等一系列结构的发展创新，人们得以建造具有宏大内部空间的公共建筑，满足更为复杂多样的功能需求，充分体现了人们在力学计算尚不完备的情况下，凭借经验掌控材料进行建造的高超能力。

券拱技术是古罗马建筑最大的成就，深深影响了欧洲建筑的发展。古罗马的建筑风格、艺术特色，以及空间布局与组织，都是基于券拱技术的高度发展。公元前4世纪，罗马人就开始使用拱券，公元前2世纪的时候，拱券技术已经非常高超，用于建造筒拱和穹顶，并在工程上得到广泛采用。

公元1世纪中叶，十字拱开始使用，它的优点是只需要角柱支撑顶部载荷，不像筒拱和穹顶的建造那样，底部需要连续的承重墙支撑，这样就使建筑的内部空间得到解放，这是券拱技术的重大发展。但毕竟砖石砌筑的顶部太重了，同时产生了用于平衡十字拱顶部侧推力的拱顶体系，用筒拱以及最外侧的

图 2-1 罗马万神庙

厚重墙体来抵住连续的十字拱的侧推力。这一拱顶体系正好为建筑提供了宏大开敞、连续贯通、层次清晰的内部空间序列，为满足功能复杂多样的建筑类型提供了条件。

天然混凝土是古罗马建筑取得如此辉煌成就的材料基础。天然混凝土具有良好的黏结性能和建造性能，极大地促进了券拱结构的发展。在天然混凝土的帮助下，拱和穹顶的跨度可以做到惊人的尺度。罗马万神庙（图 2-1）的穹顶直径达 43.3m，一直是古代世界里无法超越的纪录。

在对希腊建筑遗产的继承上，罗马人通过券拱结构对其进行改造，形成了新的特色，将梁柱结构与券拱结构结合起来，形成券柱式结构。券拱是承重主角，梁柱是形式表象，两者之间在形式上、美学上互相协调，组成完美的构图。

中世纪之初，罗马辉煌的建筑技术基本失传，教堂又回到了木屋架的时代。公元 10 世纪，券拱技术才又得以发掘和流传。直到 12 世纪下半叶，才形成了一整套独具创造性的结构体系，其成就足以与古罗马媲美。这一结构体系包括了十字拱、骨架券、尖拱、尖券以及用于平衡拱顶侧推力的飞扶壁等，在发展过程中又增添了完善的艺术处理，逐渐成熟并形成自己的特色。罗马建筑总体感觉雄壮、沉重，与石材的感官性质相符，而哥特建筑则采用独特的、富于创造性的结构体系，表达了石材建筑轻盈、动感的一面，是对材料感官与结构表现力的突破，也充分展现了对石材的驾驭能力以及高超的技术与工艺经验。

哥特建筑中柱子不再粗大，而是以一根根纤细挺拔的束状柱代替；顶部采用尖尖的骨架券，骨架券与束柱连接的柱头逐渐消隐，使得两者之间的连接在视觉上更为顺畅，束柱成为骨架券向下的延伸，像植物茎干支撑着顶部，而由于哥特教堂高耸的中厅（科隆主教堂中厅最高，达 48m），骨架券也好似束柱在顶部的延伸。整个结构像是树干从地面生长出来并延伸到空中相交一般，挺拔的树干在不断地向上升腾，垂直的线条统

率着整个空间，这种向上的动势成为哥特教堂的主要氛围，也
象征着对"天国"的向往。在此氛围之下，完全忘却了石材的
沉重，只有轻盈飞升的动感，以及对高超建造技艺的折服。

骨架券采用尖券的形式。相比罗马时期的圆券，尖券大大
减弱了顶部产生的侧推力。骨架券把顶部荷载集中到了十字拱
的四角，为了平衡侧推力，哥特教堂采用了飞扶壁结构，飞券
一边抵住十字拱的四角，一边用墙垛抵住，整个飞券横跨在侧
廊上方，具有清晰的结构作用。同时，十字拱只需要角柱支撑
顶部载荷，这样墙面就可以开很大的高侧窗，为彩色玻璃窗
提供了表现场地，这也是哥特教堂的另一大特色。骨架券和
飞扶壁一起使整个教堂产生了一种近似于框架式的建筑结构
（图 2-2），这与罗马建筑的砌体结构体系有很大差别。

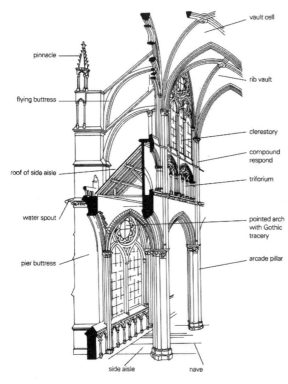

图 2-2 巴黎圣母院剖面图

哥特教堂展现出了井然条理的结构秩序，各个构件也呈现了明晰严谨的力学关系，有着一种科学的、客观的、理性的精神，这也是后来建筑理论讨论和发掘的重点，成为结构理性主义的历史范本。

（4）《建筑十书》的记述

理论是对问题的系统思考。无论是搭建简易的棚屋，还是营造宏伟的宫殿，在解决其造型、结构、功能、技术、材料等问题时都需要经过深思熟虑，各个环节都蕴含着理论的思考。这一阶段的重要著述集中体现在两本《建筑十书》之中。

古罗马奥古斯都时期，维特鲁威编写了《建筑十书》，记载了古罗马当时所掌握的建筑经验。《建筑十书》的成书时间约在公元前 32 年到公元前 22 年之间，是留存至今的最完备的西方古典建筑典籍。《建筑十书》奠定了欧洲建筑科学的基本体系，其中所确立的"坚固、实用、美观"的原则仍被奉为建筑理论的圭臬。

维特鲁威对于材料问题的论述主要是在"坚固"这一范畴内进行的，在论述"坚固"范畴时，将其分为"关于结构"和"关于材料"两个部分。维特鲁威将材料放在第二书中予以讨论，足以说明材料问题对于建筑的基础性和重要性。"现在第一卷书中关于建筑的职能和各种技术的范围，又关于城市和城市内用地的区划我都概括地阐述了。按照次序，神庙、公共建筑物和私有建筑物就应当接续它们，以说明这些应当按照什么比例和什么均衡。然而我想我首先要说明大量的材料，即通过装配它们，无论在结构上或在材料的适用上都能完成建筑物的材料，在实用方面具有什么性质；其次要说明自然界的多种要素怎样配合。"[1]

在材料问题上，他区分了材料的基本属性和次要属性。维特鲁威对当时的建筑材料逐一进行了论述：砖、砂、石灰、火山灰、石材、木材、冷杉木。维特鲁威没有对材料问题进行过

[1] [古罗马] 维特鲁威著.建筑十书 [M].高履泰译.北京:中国建筑工业出版社,1986: 32.

多的思辨式的理论探讨，而主要是记录了有关材料的使用经验和技术，如对砖的种类、原材料、制作时间以及木材的砍伐季节、采伐方法、多种常用树种的性质分别作了介绍。

阿尔伯蒂的《建筑十书》，在著述形式与内容上沿袭了维特鲁威的思想，依次论述了稳固、实用、美观等建筑学问题。阿尔伯蒂"醉心于对普林尼（Pliny）、狄奥多罗斯（Diodorus）、德奥弗拉斯特（Theophrastus）、海希奥德（Hesiod）以及其他大师的研究，正是他们最早把材料作为主题，写进了自己的著作中"。[1]

对材料的论述，阿尔伯蒂借鉴维特鲁威的方式，对材料的加工方式、采伐季节等外力因素对材料的影响，进行了更为详细的经验总结和讨论。在第二书中以"材料"为题展开，先后论述了木材、石材、砖、石灰、砂子等古人所用的建筑材料，记述了人们对于材料使用和筹备的丰富经验。阿尔伯蒂认为木材是最为便利的建造房屋的材料，在第二书第4-7章，分别对树种、砍伐时间、果实和浆汁、防腐处理作了介绍，比如树木砍伐要结合季节、月亮运转周期等时间，涂抹牛粪防止木材开裂，涂抹沥青、蜡、油来保护木料等。随后谈到石材的开采时间、加工性能、产地类型等问题。

阿尔伯蒂关于材料的论述还存在于建造与装饰章节之中。阿尔伯蒂把建造方法总结为一条原则——"对各种材料规则而巧妙的组合，将材料形成一个坚固的、并且尽可能是完整而成为一体的结构"[2]。对于石质建筑的建造，要依赖于石头的特征、形状和条件，以及灰泥层的黏合能力。这体现了阿尔伯蒂对材料与建造关系的深刻认识，突出了材料的结构作用。

阿尔伯蒂指出对材料的使用效果应进行预先安排，普通的材料，如果加以巧妙处理，也会比用贵重材料杂乱无章的堆砌更为优美。工匠的经验与能力不在于要求最好的材料，而是要对现有的材料进行明确的判断和恰当的使用[3]。

维特鲁威和阿尔伯蒂的材料论述，主要都是基于材料更好

[1] [希腊]安东尼·C·安东尼亚德斯著.建筑诗学——设计理论[M].周玉鹏，张鹏译.北京：中国建筑工业出版社，2006：241-244.

[2] [意]莱昂·巴蒂斯塔阿尔伯蒂著.建筑论——阿尔伯蒂建筑十书[M].王贵祥译.北京：中国建筑工业出版社，2010：59.

[3] 同上。

地服务于建筑"坚固""实用"的原则，对于材料的"美观"因素，也即材料的表达性没有给予足够重视。阿尔伯蒂甚至否定了材料的美感对于建筑的积极作用，认为建筑只要比例适宜就会产生积极的影响，而与其精美的材料和装饰无关，可见其对材料的表达性问题认识不足。阿尔伯蒂的观点代表了文艺复兴之前的普遍态度，材料一直作为工具性存在，主要关注材料的结构性能，材料是工具、结构、操作对象，而不是表现对象，对材料结构性、物质性的强调远大于表现性。建筑理论在文艺复兴时期再度活跃起来，自阿尔伯蒂之后逐渐出现了对材料问题的系统论述与理论思考。

## 2.3.2　科学认知主导

文艺复兴之前，建筑主要依赖于材料与建造的经验摸索，并结合了以欧几里得几何学为基础的形式美学法则，以及中世纪时期结构力学的初步探索。真正意义上的科学始于文艺复兴，数学、物理、力学等快速发展，奠定了近代科学的基础，也为建筑的发展提供了新的基础。

（1）科学的发展

文艺复兴唤起了人们的科学实验精神,促进了科学的革命。数学、自然科学迅速发展，意大利、英国、法国、俄国、德国先后在17到18世纪成立了"科学院"，著名的学者、科学家、工程师参与其中，对科学的发展做出巨大贡献。从文艺复兴到法国古典主义时期，不但有米开朗琪罗、拉斐尔、达·芬奇、帕拉第奥这样的伟大艺术家和建筑师，还产生了哥白尼、伽利略、胡克、牛顿这样的科学家。

这一时期在数学方面取得的重要发展，为力学和材料科学的发展打下了坚实基础。意大利人卡尔达诺的著作《大术》中记载三、四次方程的解法;法国数学家韦达1591年出版了《分析方法入门》，确立了符号代数学;德国数学家雷格蒙塔努斯发表的《论各种三角形》对平面三角和球面三角进行了系统的阐述，制作了精密的三角函数表；在创立坐标系之后，1637年法国人笛卡儿创立了解析几何学；1687年，牛顿发表论文《自然定律》，对万有引力和三大运动定律进行了描述，奠定了此后三个世纪里物理世界的科学观点，并成了现代工程学的基础；在数学上，牛顿还发展出微积分学。

材料科学也在这一时期得以奠基和发展。伽利略1638年的《两种新科学》中，简要叙述了他在力学各领域中的工作成果，包括结构材料的机械性质和梁的强度，这也标志着材料力学作为一门科学的开始；胡克（Robert Hooke，1635～1703年）1678年提出了材料力学中非常重要的胡克定律，建立了弹性体中力和变形之间的线性关系；法国人马里奥特（Mariotte，1620～1684年）在固体力学和流体力学进行了很多试验，对悬臂梁的弯曲进行了研究；伯努利（Jacob Bernoulli）研究了弹性杆的挠曲线形状问题；Parent（1666～1716年）完满地解决了梁的弯曲问题、梁的应力分布问题[1]。

在建筑领域，18世纪上半叶开始进行材料强度的试验，梁的基本理论由Mariotte、Jacob Bernoulli Euler、Girard、Parent、Coulomb、Saint - Venant等人进一步发展。Coulomb在1773年《关于结构静力条件中的最大最小规则问题》中，介绍了他的拉伸、剪切、弯曲等试验，讨论了梁的弯曲问题，已经提供了和近代通用理论相接近的弯曲理论[2]。Saint-Venant提出扭转理论；Bredt建立了薄壁杆件扭转的公式；维纳埃（Vnarrer）提出静不定梁微分方程，并求解了桁架的内力；法国工程师Claperron提出三弯矩方程；马克斯威尔·莫尔发表了单位载荷法和互等定理；等等。

到了19世纪中期，钢材在工程与建筑中开始大量运用，材料力学的研究开始以钢材为主。对各种型钢的几何性质以及与钢材性质有关的高温蠕变、交变应力、残余应力等问题都进

[1] 吴富民. 材料力学发展简史一 [J]. 西北工业大学学报，1957（4）: 3-12.

[2] 吴富民. 材料力学发展简史一 [J]. 西北工业大学学报，1957（4）: 3-12.

[1] 江森.论材料力学的发展和知识更新 [J].重庆工学院学报，2000, 14（6）.

行了相关研究[1]。

材料的力学试验，可以为确定建筑构件的材料尺寸和形状提出直接的科学依据，材料力学的相关发展，使建筑设计与建造行为逐渐摆脱了完全凭借经验的局面。

（2）新材料的发展

英国工业革命从 18 世纪 60 年代开始，到 19 世纪中期基本结束，基本完成了从手工业向机器大工业转变的过程。建造技术的进步以及建筑材料的变化，促使人们对于建筑展开认真的思考。一方面是反映当时社会上层阶级观点的复古思潮，包括从 18 世纪 60 年代开始，到 19 世纪末流行在欧美的古典复兴、浪漫主义和折衷主义；另一方面则是探求建筑的新功能、新技术与新形式。工业革命推动了生产力的快速发展，新的生产性建筑、公共建筑类型对建筑提出了新要求，同原有的建筑观念、功能、技术、样式有着尖锐的冲突，成为推动建筑发展的重要因素；同时，建筑材料及其结构的转变与发展，为解决这些新的建筑问题，提供了新的方案。这一过程逐渐产生了根本性的变化，从而使建筑走向了崭新的阶段。

以工业化生产基础，建筑中新材料、新技术、新结构得到发展与应用。虽然铁在建筑中早就有所应用，但将其作为主要的结构材料则是从这一时期开始。根据含碳量的差别，铁主要有三种：生铁、熟铁和钢。

18 世纪晚期到 19 世纪中叶的工程及建筑中采用的主要是生铁，含碳量相对较高，受压性能较好，受拉能力稍差，更适合用作承重柱或者铁拱。1855 年，贝西默炼钢法使钢材得到工业化、批量化生产，钢材在建筑领域开始广泛应用，并开创了新的建筑结构形式。

另外，钢筋混凝土的发明，对建筑产生了极为重要的影响。从 19 世纪 50 年代起，人们开始不断探索和发展钢筋混凝土技术，直到 19 世纪末相关的工程设计方法基本确立，可以建造以钢筋混凝土结构为主的建筑。19 世纪末、20 世纪初，钢筋混凝土结构在建筑中广泛使用，表现出优越的建造性能，从此奠定了其基础性地位。钢筋混凝土的使用，在 20 世纪初期一直被认为是新建筑的标志。

（3）新材料与旧形式的矛盾

新的社会条件对建筑提出了新的功能要求，工厂、仓库、商场、博览会、火车站等大型公共建筑的出现，以及对于建筑效率的追求，都是传统材料无法企及的。新材料及其结构技术的发展，很好地满足了新建筑的要求。同时要面对的是新建筑的形式问题：是沿用传统的风格样式，还是另辟蹊径？

18 世纪，铁开始能够进行廉价的生产，并用于加工大型铁制构件。在建筑中，70 年代开始铁常用于建筑的梁、柱之中，作为屋顶的结构材料，铁质构件有的做成直线条的，有的做成曲线或者拱的形式。在工业建筑当中，多采用直线条的梁架，直线条被认为更符合铁的自身属性，结构形态与材料属性相符，如巴黎国立图书馆藏书库（1862 ~ 1867 年）（图 2-3）、巴黎中央菜市场（1853 ~ 1857 年）（图 2-4）等建筑；在文化性建筑中，多采用曲线、拱或尖券等形式，存在着对传统石质结构的模仿，被认为与材料属性相悖，如巴黎圣吉纳维夫图书馆阅览厅（1843 ~ 1850 年）（图 2-5）、牛津科学史博物馆（1854 ~ 1860 年）（图 2-6）等建筑。

19 世纪早期铁成为主要的建筑结构材料，铁构件用来承重，再结合砖砌外墙，就可以建造多层耐火建筑，最适合厂房、仓库、市场等工业建筑的建造。铁在建筑中的发展离不开玻璃的配合，玻璃为铁质的框架提供了维护，并带来良好的建筑采光，这一完美组合为金属框架结构的发展奠定了基础。19 世纪后半叶的博览会和展览馆建筑为新材料（主要是铁）、新结构和新技术提供了表现的舞台，1851 年的约瑟夫·帕克斯顿为英国伦敦世界博览会设计的"水晶宫"展览馆，是第一

图 2-3　巴黎国立
图书馆藏书库

图 2-4　巴黎中央
菜市场

图 2-5　巴黎圣吉纳维
夫图书馆阅览厅

图 2-6　牛津科学
史博物馆

座用铁、玻璃建成的大型公共建筑物。1889 年巴黎国际博览会上，古斯塔夫·埃菲尔使用锻铁建造的埃菲尔铁塔，以及迪泰特和孔塔曼设计的跨度 114m 的机械馆，充分展示和宣扬了铁这种材料的结构和造型能力，有力地推动了新建筑的发展。对于这些新建筑的美学及其结构问题的关注，引发了 19 世纪末、20 世纪初建筑设计思潮的探索与更替。

在文化建筑中，此时钢铁的框架还常被包裹在陈旧的外壳里，就像巴黎歌剧院中迦尼埃所做的那样，新材料以及新技术还没有找到适宜的表现形式。法国建筑师拉布鲁斯特（Henri Labrouste，1801～1875 年）设计的两座图书馆——圣吉纳维夫图书馆和巴黎国立图书馆，除室内改建项目之外，拉布鲁斯特积极地采用新材料和新结构来创造新的艺术形式：在圣吉纳维夫图书馆中采用了铰接式铸铁拱结构，将轻型铁构与厚重的外围砌体结构相结合；在巴黎国家图书馆中采用了一种整体性铸铁柱承重的轻型结构，地面与隔墙全部采用铁架与玻璃制成，其书库内部基本看不到任何古典形式的影响，完全是根据功能的需要进行设计。但是拉布鲁斯特未能完全摆脱旧形式的影响，图书馆阅览大厅仍然采用铁来制作传统的拱和帆拱的形态。就连坚决倡导采用铁梁和大跨度板材的勒-迪克在其"三千人大厅"的构想图中也没能完全去除弧形铁构件。

铁制框架结构最初在美国得到发展，以生铁框架代替承重墙，美国在 1850～1880 年所谓的"生铁时代"，建造了大量的以生铁构件做门面或者框架的建筑，立面上的生铁梁柱采用纤细的比例关系来代替原来的古典建筑的面貌，但仍未脱离古典形式的羁绊。

铁质构件除了在建筑中的结构问题之外，在美学上也存在着适应性问题。基于科学的认知计算，铁质构件的尺度显得过于细长单薄，与传统的造型、比例关系及感官认知存在较大差异，无法纳入古典的美学体系之中，人们也难以短时间内适应。

德国建筑师路德维希·博恩施泰特（Ludwig Bohnstedt）写道："我们传统的风格原则正是基于我们对坚实厚重的材料——如石材——的经验，因此二者也早已协调一致了；正是这些原则控制着我们愿望和要求的最终实现。"[1] 德国理论家兼建筑师阿道夫·高勒（Adolf Goller）指出，由于铁结构同我们对重力的亲身体验是相矛盾的，因此协调风格的困难是相当复杂的，于是移情作用的观念便作为关键因素出现在德国美学理论界和艺术史界，高勒用它解释了我们为什么觉得铁柱不结实的原因，这与我们认为鹳腿太细的道理是一样的。西格弗里德·吉迪翁（Sigfried Giedion）在《法国建筑》一文中指出，新建筑应该"尽可能开放"，因为钢铁能够"以最小的尺寸容纳极高的潜在荷载……钢铁解放了空间，于是墙体就可以变成一层透明的玻璃外皮了"，不再是建筑原有的厚重的物质性体验。

[1] 卫大可，刘德明，郭春燕. 建筑形态的结构逻辑 [M]. 北京：中国建筑工业出版社，2013：77.

新的建筑类型为新材料、新结构的发展提供了广袤的试验机遇，并引发了对建筑理论的深入思考，建筑从模仿旧形式到走向新形式，并逐步发展出针对材料属性进行设计的理念。许多 19 世纪的建筑师坚定地认为回归"材料本身的自然属性"才是通往"新风格"的唯一出路，应尊重"新"材料的自然属性并按照其结构原则进行设计。这一理念，打破了自文艺复兴以来对于比例的过度关注，同时带来新的建筑观念、创作方法及结构理性精神，成为对抗复古主义和折衷主义的有力思想工具，为建筑带来崭新的面貌。

（4）新材料与新形式的确立

西方近代建筑一个突出的特征体现在新的社会发展与旧有建筑形式之间的矛盾，在这一问题的解决过程之中，早期的建筑保有更多的传统特征，到了 19 世纪后期，建筑形式更明显地表现出向现代主义建筑过渡的倾向。

从 19 世纪下半叶开始，资本主义社会得到快速发展。经过贝西默、马丁、汤麦斯炼钢法的推广，钢材得以大规模使用；高效内燃机的发明提供了更强大的动力。从 19 世纪 70 年代至 90 年代，电话、电灯、电车、无线电以及远距离输电技术等先后发明，西方工业进入了电气化阶段，对城市和建筑发展提出了更高的要求。

建筑中，钢和钢筋混凝土的推广发展，使用相当普遍，人们不再盲目地追求古典建筑的形式，并展开了一种对新的建筑形式的探求。19 世纪末 20 世纪初，在不同的国家和地域产生了多种尝试，其目的是探求适应时代发展的新建筑。

19 世纪下半叶在英国出现的艺术与工艺运动，面对工业化生产带来的艺术品质大幅下降，以及工业化导致的各种城市和社会问题，选择了一种逃避与抵制的态度。主张回归到手工艺以保证艺术品的高质量，赞扬手工业传统中的工艺精神以及自然材料的美。在建筑中，则鼓吹逃离工业城市，向往田园乡村。以莫里斯的住宅"红屋"为例，注重功能，将平面布置成 L 形，使得各个建筑都能自然采光，选择最为常见、最经济的材料——红砖建造，并且不加粉饰、不加贴面，直接在外观上表达红砖自身的质感。"红屋"完全摆脱历史建筑的影响，注重将功能、材料与艺术造型相结合，这对新建筑有着一定的启发。

图2-7  布鲁塞尔塔赛尔住宅

在摆脱历史样式、折衷主义干扰方面，19 世纪 80 年代兴起于比利时的新艺术运动，选择了回归自然母题的方法，采用植物与曲线纹饰，以新形式反抗旧样式，开拓了新的路径。新艺术运动采用自然界中生长茂密的植物形态作为装饰母题，铁在制作这类曲线中有着独特的优势，所以在建筑中得到广泛使用，墙面、家具、栏杆、窗棂、大门甚至梁柱，都有着很好的体现。维克多·霍尔塔（Victor Horta）设计的布鲁塞尔塔赛尔住宅（图 2-7）为代表作品。

新艺术运动在其他国家也有着很大影响并有着自身特征，比如德国的青年风格、奥地利的分离派等，都体现了一种对于新建筑的探索。奥地利建筑师、理论家奥托·瓦格纳1895年出版了《现代建筑》一书，指出新结构、新材料的使用必然会导致新的建筑形式的产生。其代表作品维也纳邮政储蓄银行（1905年），废除了所有装饰，线条简洁，钢材和玻璃等材料的使用完全依据建筑功能和结构的要求，具有了现代建筑的雏形。

芝加哥学派对新建筑的探索也很突出，以功能来消弭技术与形式的矛盾。芝加哥学派始于19世纪70年代，兴盛于八九十年代，是现代建筑在美国的探索者，其最为重要的贡献是创造了高层金属框架结构和箱形基础。芝加哥在1871年发生大火，在城市重建中高层建筑兴起。高层建筑是一种新的类型，为满足其功能要求，芝加哥学派突出了功能在建筑设计中的地位，并且努力探索高层建筑的结构和技术问题，强调建筑的形式应该符合结构逻辑的表现，使得建筑造型简洁明快，逐渐摆脱了折衷主义形式的羁绊。芝加哥学派重新厘清了功能与形式的关系，沙利文的"形式追随功能"的名言深入人心。这些都对现代建筑的成型具有极为重要的作用。

19世纪下半叶到第一次世界大战，这一时期的建筑探索，立足于社会飞速变革的时代，在不断的发展中，摈弃旧观念，建立新的审美观念，在材料、技术与艺术的协调统一上做出了巨大的探索，为新建筑打下了坚实基础。

战争为建筑提供了实践机会，为建筑理论提供了讨论的问题与语境。战后欧洲面临重建，急需解决住房问题，但劳动力以及各类资源都非常匮乏，因此各国都在积极推进住宅建筑技术改革，尝试各类建筑体系，广泛使用各类新材料和新技术改善住宅状况。大多采用混凝土、金属板、石棉水泥板和其他工业制品代替传统建筑材料，并且采用预制装配的方法减少现场施工，加快建设周期。在1920年英国建设部批准的就有110

种新的建筑体系。格罗皮乌斯也曾尝试用焦渣砌块和预制钢筋混凝土梁建造公寓住宅，采用钢框架加石棉板或者木框架加铜片等搭配试建装配式住宅。这些努力为日后的住宅工业化发展做出了积极尝试。这一阶段，建筑技术与结构发展更为成熟，特别是钢结构、钢筋混凝土结构方面。各类新型材料飞速发展，铝制型材和面材得到大量使用，玻璃在技术改性、产量、质量、品种方面有着巨大发展，各类聚酯材料、隔声吸声材料（玻璃纤维、蛭石、珍珠岩、矿渣棉）、胶合板等在建筑中作为重要的辅材，很好地配合了建筑新结构，解决了新建筑中的问题。

新建筑原则得以在两次世界大战期间确立。现代建筑在欧洲又称为功能主义、理性主义。欧洲现代建筑运动，更多的是应对战后复杂的社会问题的产物，同时，是建立在前人特别是19世纪后半叶开始的对新建筑的不断探索的基础之上的。经过对现实问题的分析与多方面的建筑实践，总结出一系列的建筑设计原则，如注重功能性、经济性、工业化，注重现代工业材料的使用，探讨新材料和新结构的性能，运用新的工业技术来解决问题等。

现代建筑更加注重对空间问题的探索，空间理论在这一时期占据主导地位。空间是建筑的目的，材料是物质基础和手段，来表现新的建筑形式。现代主义建筑大师也都有着各自不同的思想，材料问题只是表达思想的一种手段而已，并不是设计思考的中心问题，但共同的是极力探讨工业材料的造型和结构能力，钢筋混凝土、钢和玻璃成为建筑的基本材料。

格罗皮乌斯在包豪斯进行了现代设计教育尝试，柯布西耶基于钢筋混凝土提出了"多米诺"结构体系以及新建筑五点，密斯以巴塞罗那馆为代表的钢和玻璃的表现，阿尔托木质材料的使用给建筑带来的人情味，赖特的有机建筑对待材料的自然态度，这些大师把建筑功能、结构、材料和建筑艺术的探索紧密结合起来。现代主义建筑师普遍强调设计与建造技术以及使用功能之间的逻辑关系，这种理性精神也是他们之所以能引领这个时代建筑发展的关键所在。

19世纪末20世纪初的建筑尝试，一定意义上反映了人们对新材料、新技术的形式和美学问题的态度，材料仍得到了一定程度的表现，比如装饰艺术运动中对精美材料的追求，还有新艺术运动中铸铁构件的蜿蜒曲线。在现代主义建筑中，空间是建筑的中心问题，对装饰加以摒弃，材料的表面装饰性也被白墙进一步抹杀了。但现代主义空间是建立在钢结构、钢筋混凝土结构的探索之中的，一定意义上讲是对于新材料结构性能的表现。

### 2.3.3 情感认知阶段

如果说在文艺复兴之前的建筑过程以经验为主导，而后，科学的兴起使之成为建筑设计的主要依据，那么到了现代主义时期，科学与经验认知完备，成为材料运用的基础依据，并形成了材料、技术、艺术在空间体系中新的融合。现代主义对于空间概念的过分关注，导致了对于装饰以及材料丰富物质性的忽视，而且，钢结构以及钢筋混凝土结构在现代主义时期一统天下，结构的日趋稳定，使得材料的应用逐渐往表现性发展，并成为获得建筑表现力的重要方式，现代主义之后各种建筑思潮的发展，充分展现了这一点。

现代主义的功能与理性空间在"二战"之后面对新的社会环境，特别是美国的丰裕社会，逐渐演变为国际式建筑，主导了千篇一律的城市面貌，带来新的建筑、城市和社会问题。人们展开对现代主义建筑的反思，批判其过于强调理性与功能原则而忽视人的情感体验。从20世纪50年代开始，先后出现了各种不同的把满足人们的物质要求与情感需要结合起来的设计倾向，现代建筑在以下的方向得到进一步发展：对理性主义进行充实与提高的倾向，粗野主义倾向，讲求技术精美的倾向，典雅主义倾向，注重高度工业技术的倾向，人情化与地域性倾向，第三世界的地域化与现代性结合、讲求个性与象征的倾向。

这是战前现代建筑在新形势下的发展，坚持建筑功能与技术的合理性及其表现，同时关注建筑的艺术与情感价值、舒适性、建筑个性表现等问题。这些不同的设计倾向或者说设计发展，都有其自身的设计思想源流与基础，通过一定的造型、材料、结构、技术得以展现。其中，材料问题虽不是决定设计思想的根本问题，但是在这些建筑发展倾向的表观上，却具有一定的材料识别性。比如，粗野主义常用的混凝土，把混凝土的毛糙、沉重与粗鲁的一面作为材料的一种特性来进行表现。以密斯为代表的讲求技术精美倾向建筑，通过钢和玻璃来精确建造，外观纯净透明，清晰地展现着建筑材料、结构以及内部空间。注重高度工业技术倾向的建筑，以材料、结构和施工特点作为建筑美学依据，在建筑中积极地表达新材料、新结构与新施工方法。人情化倾向的建筑，注重采用地方性材料，在建筑功能与理性的基础之上，进一步深入关注人的情感层面，注重建筑体验，关注材料多方位感官的表达，注重材料与空间的视觉、触觉经验的综合运用。地域性倾向的建筑，注重采用地方性材料，特别是在第三世界国家的建筑实践中，注重地域化与现代性之间的结合，从形式上或者从材料的选择和材质的表达上，找到与本地文化中传统建筑的某种联系，来唤起地域精神，探索自身的现代建筑发展道路。

现代建筑的发展从强调技术与理性转向对人文关怀的后现代时期，价值多元化是这个时代的社会文化生活的重大特征。材料使用的新方向，在科学与经验基础上增加了以人为本的情感化考虑，并伴随着现代主义之后的建筑发展而呈现出多元化的材料表现。

## 2.4 材料的理论认知与讨论语境

### 2.4.1 质感与肌理

质感与肌理是探讨材料表面属性最常用的两个语汇，在文献资料中，常不加区别地使用。质感与肌理的概念在不同领域，侧重点有所区别。如肌理在绘画中指画面的组织结构与纹理，在文学作品中指行文的结构，在产品设计中指材料表面组织构造及纹理所形成的细部特征，在城市中则包括了形态、地质、功能等内容。

通过梳理前人观点，对肌理与质感的本意大都认同：质感是人的感觉与知觉系统对材料表面特征作出的反映；肌理指材料的肌体形态和表面纹理。但对质感和肌理的深入论述中出现了大量的模糊和混淆之处，突出体现在质感与肌理的范畴上面。

质感，在牛津辞典中解释为"物体的构成、结构，或物质的形成要素；表面的细微形状及结构的表现，并区别于色彩"；在韦氏辞典中解释为"物体表面的视觉或触觉特征"。质感是认知主体对材料"质"的感受，"质"指事物的本体内容，是一个事物区别于其他事物的固有特征。质感是人的感觉与知觉系统对这些特征的反映，主要是对材料表面质地、肌理、色彩、光泽度等内容的感知。

根据获取信息的感官差别，相应的概念有触觉质感与视觉质感。触觉质感是对材料质地的感知；质地是由物面的理化类别特征造成的内容要素，比如硬度、温度、弹性、韧性、粗糙度、轻重、干湿度等。视觉质感主要是对材料的肌理、色彩、光泽的感知。

肌理指物体表面的肌体形态和表面纹理，是由材料表面组织构造、纹理等几何细部特征造成的形式要素，侧重对材料表面形式要素的描述。人对材料肌理形成的感觉意象是质感的重要组成部分。肌理的内容包含了材料表面的纹理、图案、形式、凹凸、粗细等（图2-8）。

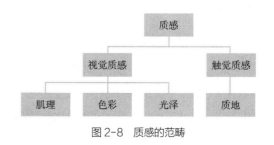

图2-8　质感的范畴

在相关论述中衍生出视觉质感、视觉肌理、触觉质感、触觉肌理等名称，其中出现了很多混淆。究其原因，主要是由于凹凸、粗细、糙滑特征的归属所导致的。材料的凹凸、粗细、糙滑，既可以通过触觉感知，也可以通过视觉感知；既是质地的内容，也可以作为肌理。这一复杂的从属关系我们从图2-9能够直观看到。

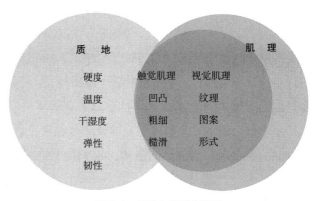

图2-9　质地与肌理的范畴

为减少混淆，建议将凹凸、粗细、糙滑等特征归属到质地，主要是基于触觉的基础性地位以及"肤视一体化"现象。

触觉与视觉是人类获取信息的重要途径，认知科学已经充分说明了触觉经验对于人类认知的基础地位。在人的感觉要素中，触觉经验是最为基本的，亚里士多德认为"没有触觉就不可能有其他的感觉"[1]，托马斯·阿奎那认为"触觉是所有感觉的基础"[2]。

在事物认知形成的过程中，触觉与视觉感受相互融汇，触觉经验被内化为视觉经验；而且视觉在认知过程中具有非接触性，获取信息更加直接与便利，单靠视觉便可以唤起触觉经验，形成肤视一体化现象。康德认为："在认知作用方面，触觉与视觉的关联要甚于其他的任何感官，并且在这种情况下，它能提供有关对象的信息。"[3] 存在于视觉中的肤觉经验非常丰富，它与人的眼睛共同协调，在认知事物方面起着十分重要的作用。"视觉不过是一种预料的触觉。"[4] 我们看到大理石，大理石的冷暖、糙滑、软硬等触觉感受也被清晰地体会到。这种触觉的"视觉化"导致了在描述材料感受时的肤视混淆，进而体现在质感、肌理的范畴界定上。[5]

这样的分法，质地偏重触觉，肌理偏重视觉。以上几个名词，视觉质感包含肌理、色彩、光泽等内容；视觉肌理直接简称为肌理；触觉质感是对质地的感受；触觉肌理的叫法则不太确切。

## 2.4.2　材料的本性

"本性"和"真实性"是探讨材料问题的基础，是材料问题的基本范畴，同时也是贯穿西方建筑学材料讨论的重要线索和语境。"本性"是对于材料自身的认识和思考，"真实性"则是对材料及其使用的价值判断。"本性"和"真实性"这两个问题有着紧密的内在联系，"本性"是讨论"真实性"的前提和基础，只有认清了材料的"本性"，才能探讨材料的使用是否符合"真实性"的原则。

（1）材料的属性与本性

性质是物质所表现出来的具体特征，如物理性质、力学性

[1] 苗力田.亚里士多德全集（第三卷）[M].北京：中国人民大学出版社，1992：92.

[2] [美]莫特玛·阿德勒.西方思想宝库[M].北京：中国广播电视出版社，1991：324.

[3] 卡罗琳·考斯梅尔.味觉[M].北京：中国友谊出版公司，2001：18.

[4] 张耀翔.感觉、情绪及其他[M].上海：上海人民出版社，1986：22.

[5] 马涛.产品设计中的材料质感与肌理辨析[J].家具与室内装饰，2016（3）：20-21.

质、热工性质等，是材料科学研究的基本对象。

[1] 金岳霖 . 形式逻辑 [M]. 北京：人民出版社，1979: 15.

属性在辞海中解释为"事物本身的固有性质"，金岳霖先生认为属性包含了事物之间的关系，"把事物的性质与关系称作事物的属性"[1]。根据认知事物角度的变化，事物的关系也会发生变化，属性则可以具有不同的划分角度。

本质是事物区别于他物的内在规定性，是客观存在的，是不以人的认识和意志为转移的。性质只是认识事物的第一个层次，而透过性质来认识事物的本质是认识事物的更深一级层次，本性需要通过具体的性质才能被人感受和认知。

在建筑学的讨论语境中，材料的本性是一种材料区别于另一种材料的基本性质或属性。一般理解下，材料的本性应该是相对固有的和稳定的，而那些容易受到外部影响而发生变化的属性，则常常不被看作材料的本性。根据材料属性的恒定性和可变性，通常可以把材料属性区分为基本属性和次要属性。基本属性强调了材料相对稳定的部分，是定义"物之为物而非他物"的本质属性，如物理的、力学的、热工的等性质。次要属性则是指那些可变的、可以被不同程度认识的属性，如装饰性能、表观性能等。

（2）材料本性的历史解读

维特鲁威首先对材料的基本属性与次要属性作了区分，认为基本属性与事物是不可分离的，而次要属性则表现出一定的变化和偶发性。同时，维特鲁威认为材料的制作工艺与时机与材料性质有着直接联系，这些因素不仅可以改变材料的次要属性，而且对基本属性也有一些影响。比如，石材以及木材的采伐季节、采伐方法等，这些会对材料的力学性质等有所影响。阿尔伯蒂对这一影响的重要性论述得则更加充分。

15 世纪至 18 世纪材料科学兴起与发展，人们通过试验与科学的方式逐渐认识了材料，摆脱了完全凭借建造经验以及感官认知的阶段，为选择材料提供了客观的、科学的依据，一定程度上促成了以材料研究所确定的力学等性质作为材料本性的观点，这正是结构理性主义对待材料的基本态度。

铁与混凝土在建筑中的使用，促使人们重新思考建筑功能、结构、形式等基本问题。18 ~ 19 世纪，在尚未完全掌握铁的建筑形式语言的时候，铁常被用作建造传统风格的旧有形式，许多 19 世纪的建筑师坚定地认为回归"材料本身的自然属性"才是通往"新风格"的唯一出路。建筑不再一味模仿和遵照旧有传统进行建造，而是以新的形式响应新的建筑功能，并采用新的建筑材料及其相应的结构和技术，从而为现代建筑思想的确立奠定了基础。在西格弗里德·吉迪翁《法国建筑》1928 年出版之前，有着各种不同思想的建筑师们都一致赞成：尊重"新"材料的自然属性"并按照结构原则进行设计"。尊重材料的自然属性，在现代建筑中仍然是重要信条之一。

（3）材料的本性与物质的本性

关于材料本性的讨论，存在两种观点：一种认为材料的本性"独立于人类活动，并具有一种自足的特质"；另一种则相反。美国建筑理论家莱瑟巴罗教授指出："所谓材料的本性，正是经由人类的活动方才得以形成，并且得以彰显。……因此，假如说本性指的是独立于人类活动而自足存在的一种属性，那么我的结论便是：这种本性在建筑中是不存在的，也根本不可能存在。"[1]

事实上，材料的本性正是需要通过人的行为予以揭示，无论是材料的加工制作行为，还是材料的建造行为，都决定了材料本性的展现。

或许可以通过设定这样一组关系来理解材料的本性是否"独立于人类活动"这一观点——"材料的本性"与"物质的本性"。物质的本性是独立于人的意识的客观认知，"物质的本性"相对来说"独立于人类活动，并具有一种自足的特质"。

而材料与物质概念相比，本身就隐含了"人为的加工"的

[1] 史永高. 材料呈现——19 和 20 世纪西方建筑中材料的建造·空间双重性研究 [M]. 南京：东南大学出版社，2008：34.

含义，将自然的物质加工成可用的建筑材料。自然物质转化为建筑材料，则具备了一定的体量、形态、外观，物质的本性没有发生改变，但作为建筑用材，其各种属性被具体化了。比如石头加工成石块、石板、石条，成为建筑材料，材料属性——不论是力学的，还是表面的——被具体化了，成为选材的依据，并进一步在建筑活动中其属性得以彰显。

（4）建造行为对本性的揭示

在材料的制作行为中，材料本性被具体化为各种属性，在建造行为中，又被选择性地呈现，得以为观者所认知。

人的建造行为具有目的性，对于同一种材料，建造行为的目的不同则会产生不同的"本性"解读。对于铁的使用，多数建筑师选择充分利用其力学强度制作建筑框架，而新艺术运动中，则把铁做成柔韧多变的曲线装饰，充分展现了铁质材料所具有的良好的铸造性和延展性。同样是石块，用它做建筑的承重结构，关注的是材料的力学及结构性能；用它做建筑的饰面层，则更为关注材料的几何尺寸与外观属性。同样是承重，石材抗压能力强、抗拉能力弱，这就决定了做柱子要优于跨梁；而用石材发券，则既发挥了石材抗压能力强的优势，又解决了大跨度空间的需求。人的建造行为充分利用并表达了材料不同的"本性"，并形成了丰富的空间形式。

对于装饰材料，其本性是否还是与结构相关的属性呢？如果抛开基本属性和次要属性区分，仅从材料本性的概念——"一种材料区别于另一种材料的基本性质和特征"来理解，难道不正是其装饰属性才是其区别于他物的基本性质吗？一张普通的装饰板，其差异性不应该就是其丰富的装饰性吗？

因此，材料本性的讨论，不是只局限在材料属性的客观描述上，更是需要人的建造行为来揭示。材料本性由材料的多种属性构成，在建造行为中，人们根据目的对相应的材料属性强化表达，进而影响人的认知与解读。建造行为对属性表达的选择性直接引发了材料本性问题的模糊性，构成了人们对本性问题的多重解读。这也导致了"忠实于材料的本性"这一现代建筑的格言，在不同的建筑师那里有着不同角度、不同层次的诠释，也展现了不同建筑面貌。赖特流水别墅中悬挑的平台充分展现了钢筋混凝土出色的结构能力，在艾丽丝·米拉德住宅中，则利用混凝土的可塑性制成砌块建造住宅。柯布西耶的多米诺结构充分表达了钢筋混凝土的结构潜力，在朗香教堂中则表达了混凝土的塑形能力。事实上，通过建造行为对材料本性不断的深入挖掘，也是建筑形式创作的重要方法与源泉。

## 2.4.3 材料的真实性

如果说材料的本性问题更多的是对于材料本质的追问，那么真实性则更多是对材料使用的一种价值判断。在建筑中真实地使用材料首先是建立在对材料本性的认识基础之上的，只有正确地认识材料，了解材料的各项属性，才谈得上对材料使用真实性的判断。"真实地使用材料"既是一个伦理问题，也是一个美学问题。

（1）材料真实性的历史解读

"真实地使用材料"这一论题肇始于约翰·拉斯金，为建筑中的材料问题研究开辟了新的视角，并且深刻地影响了后续的建筑理论与实践，在之后的一个世纪里甚至成了材料使用的基本原则。

在建筑以及哲学思考中，不乏对"真实"问题的思索与追问。维特鲁威所提出的建筑三原则——实用、坚固、美观——一直被视为建筑评判的基本准则，与"其最为接近的哲学解读是希腊古代哲学家柏拉图的哲学三原则——真、善、美，其中'真'与材料和结构及建造过程的真实性是分不开的，这体现为建筑的'坚固'原则"[1]。

在建筑理论之中，材料问题一直没有成为主要的话题，直

[1] [英]戴维·史密斯·卡彭著.建筑理论（上）[M].王贵祥译.北京：中国建筑工业出版社，2007.

[1] 史永高.材料呈现——19和20世纪西方建筑中材料的建造-空间双重性研究[M].南京:东南大学出版社,2008:40.

[2] Adrian Forty, Words and Buildings: A Vocabulary of Modern Architecture[M]. New York: Thames & Hudson, 2000: 294.

[3] Adrian Forty, Words and Buildings: A Vocabulary of Modern Architecture[M]. New York: Thames & Hudson, 2000: 297.

[4] 史永高.材料呈现——19和20世纪西方建筑中材料的建造-空间双重性研究[M].南京:东南大学出版社,2008:43.

[5] 同上书:37.

到文艺复兴时期,建筑的柱式、比例等问题仍是建筑理论的中心。在建筑评判中,"真实性"也并非真理性的价值基础,"欺骗性"在巴洛克时期也被看作重要的手段。[1] 意大利巴洛克建筑师瓜里尼(Guarino Guarin,1624～1683年)曾写道:"虽然建筑依赖于数学,然而它终究是一种阿谀奉承、讨好谄媚的艺术。在这里,人的感官可不愿因为(满足)那所谓的理性而被恶心。"[2] 对此,18世纪的法国理论家德昆西(Quatremere de Quincy,1755～1849年)曾说:"正是经由这种美丽的欺骗,人们在建筑的模仿中才感受到愉悦。没有这种欺骗,则这种愉悦将再无安身之所。这种愉悦存在于所有的艺术门类也是它们的媚人之处。这种半蒙蔽所带来的快乐,使得那些虚构的和诗意的都更显可爱,使人更喜欢被遮蔽的真实,而非那种赤裸的真实。"[3] 在"赤裸的真实"与"蒙蔽所带来的愉悦"之间,人的感官愉悦超越了理性的真实,但却表达了生活的真实。这种对欺骗的容忍随着材料科学的发展和结构理性主义的建立而逐步瓦解。

材料科学为人们认识材料提供了科学基础和理性精神,理性的精神绝不认可建筑中的欺骗与模仿行为,材料科学与结构理性主义的发展,"使得建筑的真实性越来越侧重于对材料的力学性能的尊重和对于结构形式的诚实"[4],这也成为"自维特鲁威以来对材料思考和认识的一个最为关键的转折点"[5]。

在建筑中"真实地使用材料"主要体现在两个方面:结构的真实与表面的真实。结构理性主义倡导材料结构属性的真实表达,表面的真实表达则主要涉及材料间的相互模仿问题。

(2)结构的真实

约翰·拉斯金指出用在结构用途上的材料决不应该与它固有的物质属性相悖。例如,石材的抗压性强,而拉伸力弱,应该作支撑柱而不是跨梁。材料构造和形式的模仿集中体现在风格的交替之中,特别是在建筑材料发生重大变化的时候。当一种新材料用于建筑中时，往往会受到旧有形式的影响，通过模仿获得意义上的延续，容易为人所接受，而并不是完全从新材料的性能入手创造新的形式。

维特鲁威曾赞扬"发现不同材料之间或是它们的潜在形式之间的相似性"的做法，认为希腊神庙上的三陇板反映的是一种用石材模仿木构的做法。"古代的建筑师们在某些地方的建筑中安放了由内墙到外部挑出的梁，填砌了梁距，并在其上用木造装饰了挑檐和人字顶。这时再沿着垂直的墙并按照一条直线截去梁的出挑部分。但是因为这种外貌看起来不太美观，所以又把做成三陇板形状的平板安装在梁的截面上去，并用深蓝色的蜡来施彩从而梁的截面就会隐藏起来而不致碍眼了。"[1]

然而，这一观点遭到后人的频频质疑。普金在 1836 年出版的《对比：从 14 和 15 世纪建筑与当今宏伟建筑的比较看趣味的堕落》一书中，认同希腊建筑由木构转化而来，但却不赞赏这种材料构造与形式的模仿，他指出希腊神庙将木构形式强加于石头建筑上非常荒谬。"它起源于木构建筑。然而，当希腊人着手用石头建造的时候，他们却没有从这一材料中发现与木构不同的建造方式。"[2] 普金也是提倡应该在建造中更好地发现和表达材料的结构属性。

在结构理性主义那里，希腊建筑正是基于石材的特质而发展出来的，绝不是石材对于木构的模仿。德国艺术史家波提舍（Karl Botticher，1806 ～ 1889 年）1852 年在他的《希腊人的建构》（Die Tektonik der Hellenen）中指出："古希腊的建筑样式是原创性的，这种样式是专为石构建筑而创造的。"[3]

19 世纪法国著名的建筑师和理论家勒 - 杜克（Eugene-Emmanuel Viollet-le-Duc，1814 ～ 1879 年）也不认为三陇板是用石材对木质梁头的再现，"希腊神庙具有石构建筑的纯粹性，它的梁柱体系正是根据理性和品位而来"。[4]

同样的情况也发生在铸铁材料的应用上。铸铁先是大量运

[1] [古罗马]维特鲁威著.建筑十书[M].高履泰译.北京:中国建筑工业出版社,1986: 32.

[2] [美]肯尼思·弗兰姆普敦著.建构文化研究:论19世纪和20世纪建筑中的建造诗学[M].王骏阳译.北京:中国建筑工业出版社,2007: 42.

[3] David Leatherbarrow, The Roots of Architectural Invention. site, enclosure, materials[M]. New York: Cambridge University Press, 1993.

[4] 同上。

用于各类工程项目——铁路、桥梁、厂房之中，在建筑中，铸铁最先用于屋架制作，但屋架形式也没有遵照材料的结构属性制成更为适宜的直线造型，而是常被做成拱形构件，拉布鲁斯特的圣吉纳维夫图书馆（1843～1850年）中便采用了铰接式铸铁拱结构。建筑在向新材料转换的过程中，按照材料的结构属性真实地使用材料，最终指引建筑走向新的结构与形式。

（3）表面的真实

表面的真实主要涉及两个问题：材料表面质感之间的模仿（饰面）与材料是否被覆盖与遮蔽的问题。

寻求不同材料之间潜在的相似性被维特鲁威认为是建筑师的技能。约翰·拉斯金的格言之一：一种材料绝不应该掩饰得好像另一种似的，尤其是当这种材料在模仿上会更费钱的时候，材料只用来表现和它们固有属性协调一致的任务。拉斯金非常重视材料品质对建筑的影响，材料在色彩与纹理上的区别，不仅对建筑外观，对周边环境氛围的营造也具有重要作用。

森佩尔也多次提及材料之间的模仿有助于建造内涵与精神的延续。他提出"饰面的原则"，指出建筑的饰面往往是必须的，建筑的本质在于表面的覆层，而不是内部起支撑作用的结构，真正影响人们对于空间体认的正是这表面的覆层。在材料模仿的问题上，森佩尔并不一味地反对。他多次提及材料替换，也就是使用材料模仿的做法。但他的出发点更多是在形式的象征意义上的，并不局限在材料的物质层面。他认为在那些必须的材料转换过程中，应该保留原有的形式使得建筑的文化与精神得以传承，而不仅仅考虑材料的属性变化。

森佩尔的理论影响了奥地利建筑师阿道夫·路斯。但与森佩尔不同，路斯强调材料的自然属性，而不是面饰的象征性。在路斯的时代，在环形大道的建筑中，模仿与赝品比比皆是，充斥着以次充好的做法，让人难以容忍。路斯对此提出了"饰面的律令"，指出"饰面本身与被饰面覆盖物之间将不可能造成混淆"。路斯认为空间氛围应该通过材料的真实面貌来达成，而不应该建立在材料的伪饰与欺骗之上。教堂的崇敬、地牢的恐惧、酒馆的艳丽，这些空间氛围与材料有着对应的关系，每种材料有着自身的形式语言和气质，但在模仿和伪饰盛行的情况下，这种材料与氛围的对应关系被打破，人们感知的材料可能只是其他材料伪装而成。所以，路斯提出这一饰面的律令，用真实的材料饰面往往是必须的，但虚假的模仿和伪饰所造成的混淆则坚决不可以。木材表面可以用其他木质贴皮，或者是薄木拼花，但是不允许对木材进行染色来模仿其他木材。

希腊建筑是否经过彩饰这一问题的背后，其实也隐藏了建筑材料表达真实性的问题：材料为什么需要遮蔽与覆盖，大理石柱为什么不能展现自身的质感和色彩效果？

英国建筑师斯特雷特（George Edmund Street，1824 ~ 1881年）在评判威尼斯建筑时，采用了两种建造方式——实体建造和层叠建造。实体建造是指在墙体的厚度方向上材料具有一致性，墙体的内外层材料没有差别；而层叠建造则指用在厚度方向上使用多重材料来组成墙体，墙体的内外材料是明显区分的。斯特雷特将实体建造方式与建筑的真实性联系在一起，但事实上，从建筑初期开始，墙体的建造就采用了层叠建造的模式，虽然可能只是表层浅浅的抹灰而已。古罗马建筑中，墙体的清水砖面层与内部的碎石墙体就采用不同的材料来分层建造。文艺复兴时期，阿尔伯蒂的罗塞莱宫（Palazzo Rucellai）中，墙体表层石块的接缝与内部建造所用石材之间的连接就明显不一致，有着独立的覆面处理的意味。对于现代建筑，美国建筑师爱德华·福特（Edward E. Ford）在《现代建筑细部》中论述现代建筑的细部和建造方式时指出，实体建造所带来"真实和透明"是现代建筑的一种追求。但事实上，墙体承载了众多功能要求，比如结构、设备、热力学等因素，层叠建造要远比实体建造更为理想。

在室内空间中，建筑内界面自身的材料也通常不会直接呈现在室内空间中。为满足人们的需要，内界面需要用新的材料进行覆盖，而且正如路斯所言，这层覆面往往是必须的。表面的真实，从建筑内界面材料的内外一致性角度来讲，常常是无法达成的。但真实性却可以体现在这层覆面材料上。

### 2.4.4 饰面的理论认知

#### 2.4.4.1 饰面的发展

在室内空间中，对表面属性的考察主要针对面层材料，饰面是空间界面装饰的基本做法。

人类与生俱来就有装饰的天性，生活的各个领域都留有装饰的印记，从身体上的涂抹、画身、纹身、衣饰、配饰，到劳动工具、生活器具的纹饰，再到生活环境的壁画、壁饰，处处彰显了装饰的魅力。对生活环境装饰的动因，无论是出于对身体的保护，还是计量、巫术等实际需要，抑或是纯粹的艺术表现，都显示了装饰对于空间环境的重要性。

史前时期遗留的洞穴壁画、古埃及金字塔的石材贴面、两河流域的琉璃面砖、古希腊的石雕装饰、古罗马时期的大理石拼贴镶嵌、石材薄板、水磨石、抹灰粉刷、壁画等饰面手段、拜占庭的马赛克装饰、哥特建筑的彩色玻璃窗、巴洛克和洛可可时期的浮雕、镜面、挂毯、壁画、镶板等饰面手法，以及工业化时期的壁纸、涂料、玻璃、塑料和金属饰面等，充满了丰富的表现性，材料以其优越的表面属性装饰着我们的生活空间。

从史前时期遗留的生活痕迹中，就可以看到丰富的色彩和极具创造力的艺术形象，大约在旧石器晚期的洞穴壁画中，以阿尔塔米拉岩洞和拉斯科岩洞最为著名，壁画中绘制有多种动物形象，如野马、野猪、野牛、山羊等，描绘有野牛受伤挣扎的场景，从一个侧面反映了早期人类的狩猎文明。

公元前四千年，古埃及人就会采用光滑的大块花岗石板铺设地面；公元前 2700 年建造的卓瑟王（King Djoser）金字塔，最早采用了石材作建筑贴面的方法，我们现在看到的胡夫金字塔只在顶部还残留了一小部分石灰石的饰面。埃及雕刻和壁画中的"正面律"原则也独具特色。

饰面技术及其艺术传统是两河流域建筑对后世最大的影响。当地缺乏优质的石料及木料，建筑材料多采用土坯，人们烧制陶钉、琉璃砖来保护土坯墙面免受雨水的侵蚀。早在公元前四千年，便在建筑中采用陶钉，趁土坯还松软的时候将12cm 的圆锥形陶钉楔入。陶钉密排，底面形同镶嵌，并在陶钉底面涂上红、黑、白三种颜色来组成图案。最初图案是编织纹样，模仿日常所用之苇席。后来，陶钉底面做成多种样式，有花朵形、动物形，逐渐摆脱了模仿并形成自身工艺的特色。在公元前三千年之后，开始采用沥青保护墙面，比陶钉更适于施工，防潮效果更好，逐渐取代了陶钉。为了保护沥青免受太阳暴晒，又在表面贴上各色石片和贝壳，构成色彩斑斓的图案，保留了陶钉时期大面积彩色饰面的传统。大约在公元前三千年，古西亚人发明了琉璃砖，并成为主要的饰面材料。在公元前6 世纪前半叶建设的新巴比伦城之中，重要的建筑大量使用了琉璃面砖及其拼贴图案，题材大都是程式化的动物、植物或花饰。大面积的底子是深蓝色的，浮雕是白色或者金黄色的，轮廓分明，装饰性强。

古希腊的很多建筑中所采用的石材表面较为粗糙，布满孔洞，但正好适宜粉刷，在表面先涂一层薄薄的白色大理石粉，而后再根据需要着色。古希腊的石雕技艺精湛，是重要的建筑装饰，以帕台农神庙山花雕刻以及伊瑞克提翁庙女像柱最为闻名。

古罗马时期，人们利用天然混凝土作为墙体内部材料，表面采用砖石，砖石之外再作装饰面层。混凝土的浇筑会产生较为粗糙的界面，为了美观，古罗马人采用很多种室内饰面的做法，比如磨光的大理石薄板饰面、小块的彩色大理石拼贴镶嵌、水磨石（火山灰和天然大理石碎石混合再抛光）、抹灰粉刷甚至壁画。古罗马庞贝古城的发掘，使人们看到了保存较为完整的古罗马时期的室内状况。庞贝城内的墙体饰面多采用灰泥、壁画、石板等材料，其中以壁画最为著名。德国艺术史学家奥古斯特·马奥，把庞贝室内壁画分为四种：第一种称为镶嵌样式或装饰泥灰样式，此时墙面没有壁画装饰，用灰泥塑好建筑细部，做出凹槽分割墙面，并涂上颜色，造成彩色石板镶嵌的视觉效果；第二种称为建筑样式，在墙面彩绘出多种建筑细部，并在空间描绘中画上各种写实景物；第三种称为装饰样式，壁画描绘精致，图案多为小巧玲珑的静物和小幅神话场面；第四种称为幻想建筑样式，描绘的景象层层叠叠、似真似幻，奇异的结构和华丽的色彩造成墙面的空间感和动感，流行于公元1世纪[1]。

拜占庭时期的建筑将马赛克装饰发展到了新高度，在教堂的墙壁和顶棚上，用马赛克壁画艺术营造了金碧辉煌的效果。哥特建筑室内墙体装饰的重要特点是大面积的彩色玻璃窗的使用，营造了绚丽的光影效果和神秘的宗教氛围。巴洛克和洛可可时期，墙面的浮雕、镜面、壁画以及镶板成为重要的饰面手法。

造纸术源于我国东汉时期。纸在空间中可用于裱糊窗户，以及作画来装饰墙面。在国外，壁纸最早出现于法国，用来替代壁画、挂毯，工业化的墙纸则发源于18世纪的英国，并在随后的一个世纪里成为重要的室内装饰材料。目前，按基底材质可以分为天然材料壁纸、纸基壁纸、纺织物壁纸、塑料壁纸等。在功能上，以装饰性为主，另外还有一些功能性壁纸，比如阻燃壁纸、调温墙纸、调湿壁纸、防霉墙纸、抗菌墙纸、阻挡 WiFi 墙纸等。

20世纪以来，随着材料科学的发展以及工业化的推进，各类功能性和装饰性涂料得以普及；玻璃饰面、塑料饰面和金属饰面也得到广泛使用。各类室内饰面材料与技术正以日新月

[1] 百度百科.庞贝壁画[EB/OL].[2014-7-1].http://baike.baidu.com/view/31768.htm

异的面貌改变着我们的生活环境。

### 2.4.4.2 饰面的种类

饰面是空间界面装饰的基本做法，根据饰面和被饰面之间的依附关系，可以分为以下几类：

（1）墙体表面的装饰（无附加材料）：没有单独的覆面材料，在材料表层上进行装饰处理，比如石材表面的雕刻形式。

（2）墙体表面的涂层粉刷（厚度薄、有附加材料）：在墙体表面刷涂涂料，厚度非常薄，比如乳胶漆、刷涂颜色、彩绘、油漆等。

（3）贴面处理（材料有一定厚度、与基层材料无距离）：在墙体表面进行直接覆面，加贴一定厚度的装饰材料，如壁纸、装饰板、石板、瓷砖等，与墙体直接连接，可以看成一个整体。

（4）与被饰墙面存有一定距离的饰面处理（材料有一定厚度、与基层材料有距离）：通过一定的骨架结构将饰面层与被饰墙面连接起来，比如墙面干挂石材、金属扣板吊顶等。

### 2.4.4.3 饰面的理论追溯

（1）阿尔伯蒂的覆面层

阿尔伯蒂在《论建筑》中，明确地把石砌墙体分为结构体、填充物、覆面层三个部分。

将覆面层作为独立的墙体构造要素，表达了他对于饰面的关注。阿尔伯蒂认为，建筑的墙体或屋顶，其主要的装饰应该是其表层，这一表层可以有很多形式：白色的灰泥，素平的或有浮雕的、经过绘制的表面，镶嵌的面板，锦砖饰面，玻璃饰面，或者是这些做法的混合。对于每一个表层，必须有三层抹灰。第一层的作用是紧紧抓住表面，将所有其他用于墙体的附加抹灰粘结在其上；最外面一层抹灰的作用是展示出表层的魅力、色彩和线条；中间层弥补和防止另外两层的任何缺陷和不足[1]。

同时，阿尔伯蒂认为墙体的不同部位应该采用不同种类的

[1] [意] 莱昂·巴蒂斯塔·阿尔伯蒂著；王贵祥译.建筑论——阿尔伯蒂建筑十书[M].北京：中国建筑工业出版社，2010: 59.

石材，表面效果、耐久性是选择材料的直接因素。他还强调了覆面层的耐久性以及对于自然气候的抵御能力。

（2）拉斯金的价值观念

约翰·拉斯金（John Ruskin，1819～1900年），19世纪最具影响力的美学评论家，在1849年的《建筑七灯》中，提出了材料使用的价值评判问题。"灯"就是指评判标准，"牺牲（sacrifice）、真实（truth）、力量（power）、美观（beauty）、生机（life）、记忆（memory）、遵从（obedience）"构成了拉斯金的评价体系。

约翰·拉斯金提出的"真实地使用材料"这一原则成了材料价值判断和材料使用的基本原则。其中的"真实"标准，关注的是"在材料和结构构成两方面对建筑真实性的表达"[1]。"首先，不论运用什么材料，都应该力求最高档次。如果由于价格问题无法使用最高档的可用材料，也要使用下一档中品质最好的。第二，任何材料都不应该掩饰为另一种材料，尤其是这一替代物更为廉价时；尽管也容许有例外——如果掩饰物显然彻底不能用真材实料的话，比如装饰性部件中的镀金。第三，用在结构用途上的材料决不应该与她固有的物质属性相悖。例如，石材的抗压性强，而拉伸力弱，应该作支撑柱而不是跨梁。第四，某些材料在传统技术中并不用于结构用途，那么结构元素就不应该用这类材料。第五，对庄严的建筑来说，传统上会使用具备尊贵地位的材料，不具备这种尊贵的材料应该避免使用，也就是说，新近的工业化材料如铸铁不适合有教养的场合使用。"[2]

拉斯金的观点中，第一点和第二点关注的是材料的表面问题。第一点中，材料的使用要力求高品质，这一高品质主要是指材料的表面品质，他注重材料的色彩和纹理，认为这种差异性对于建筑外观以及环境氛围营造至关重要；同时，对于砖、石的不同砌筑工艺以及多种类型组合所展现出来的美学价值也

[1] [美] 菲尔·赫恩著.塑成建筑的思想[M].张宇译.北京：中国建筑工业出版社，2006：29.
[2] 同上。

颇为关注。第二点强调了材料表面属性的真实体现，这是饰面问题的基本原则。他还把在木材表面进行绘画来模仿大理石纹理的做法称为装饰欺诈。

第三点则指出了要尊重材料的结构属性。在第四点与第五点中，拉斯金则表达了对于当时新材料（铸铁）的排斥，他还没有意识到新材料对于建筑变革将带来的积极作用，这种观念是不顺应时代发展进程的。另外，第五点中还包含了拉斯金对材料象征意义的关注。

（3）森佩尔的"围合"动机与"面饰的原则"

德国著名建筑师、理论家戈特弗里德·森佩尔（Gottfried Semper，1803 ~ 1879 年）提出"面饰的原则"，认为实现空间围合动机的是面饰，而非面饰之后的结构支撑，并突出强调了面饰的象征意义。

森佩尔对面饰的关注最早来自于对古希腊建筑彩饰法的研究，1834 年他发表了论文《古代建筑与雕塑的彩绘之初评》，考察了希腊以及地中海沿岸其他地区的古代建筑及雕塑彩饰的问题，成为日后提出"面饰的原则"的思想基础。

森佩尔在《建筑四要素》中，以新颖的观点论述了建筑原始动机的发展。森佩尔认为建筑形式的发展源于人类的四种基本动机——汇聚、抬升、遮蔽、围合，这四种动机与建筑的形式要素——炉灶、基台、屋顶、墙体相关联，进而对应了不同的制作工艺——陶艺、砌筑、木工和编织。森佩尔的建筑要素理论，从动机的阐述到建筑基本元素，再到相应的基本工艺，最终的工艺直接联系着四种基本的建筑材料，从而突出了材料及其工艺对于空间的重要价值。

森佩尔从词源学出发认为建筑起源于编织。森佩尔将墙体看成是由人类的基本动机——"围合"所驱使的，提出"围合—墙体—编织"的对应关系。森佩尔通过这一关系解释了饰面的发展过程，并从围合动因到"穿衣服"观点的转变过程中进一步提出了他的面饰理论。

　　森佩尔面饰理论的发展过程可以解读为以下过程：原始围合阶段——编席阶段——织物编织阶段——材料替代阶段——面饰。基于人种学研究，森佩尔提出编织是最早的人类活动——这可能受到天然缠绕在一起的藤蔓的启发，编织形成了最早的墙体，用树枝和篱笆来进行编织围合（原始围合阶段），逐渐发展成使用韧皮和柳条的编织席子和毯子（编席阶段），并进一步掌握了其他植物纤维等材料的编织方法，随后改为使用纺线编织纺织品（织物编织阶段），在纺织品中仍然体现了编织的特征，而且在图案装饰上也留存了编织工艺的特性。编织的席子墙体为了满足保暖、坚固和耐久等多方面的要求，逐渐发展为黏土墙、砖墙、石墙，但编织的文化记忆和象征意义仍然通过悬挂装饰性纺织物品得以保留。这悬挂的纺织物成为穿在结构性墙体外的"衣服"，并逐渐被其他"替代性衣服"取代，如灰泥、石膏、木材、涂料、壁纸、金属饰板、陶瓷以及石材嵌板等，这些"衣服"最终成了围合与限定可视空间的要素，体现了"墙体最初的建造动因和空间本质"。

　　"现今，人们仍会将悬挂的毯子当作真实的墙体，用这种可见的边界来分隔空间。那些隐藏在毯子后面的坚固墙体并非创造和分隔空间的手段，而是出于维护安全、承受载荷及保持自身持久性等目的而存在的。如果不是这些次要功能的出现，挂毯仍然是最主要的空间分隔手段。坚固的墙体只是隐藏在真正的墙体代表物之后的不可见的内部结构，而这些墙体的代表物正是那些彩色的编织挂毯。"[1]

　　森佩尔明确提出建筑的本质在于其表面的覆层，这就是森佩尔的面饰的原则。这层"衣服"才是空间限定的根本性要素，空间限定的根本性要素在于围合的表面，面饰是第一位的，建筑的结构退居其次，建筑的本质在于表面的覆层，而非起支撑作用的内部结构。正是这层面饰围合并限定了空间，空间的意

[1] [德] 戈特弗里德·森佩尔著.建筑四要素[M].罗德胤，赵雯雯，包志禹译.北京：中国建筑工业出版社，2010：94.

义通过面饰来获得，面饰遮蔽了结构，并成为结构支撑的表面装饰，森佩尔的面饰原则还强调了材料的象征性。虽然面饰在空间中一直存在，但森佩尔对于面饰的思考，为后来空间概念的建立奠定了基础，同时为言说材料与空间的关系以及材料的理论探讨提供了新的思考方式。

宾夕法尼亚大学唐考·潘宁在《空间 - 艺术：空间与面饰概念之间的辩证关系》中指出，森佩尔的"面饰"概念对于空间概念的确立起到了决定性作用，强调了建筑空间的知觉性更有赖于材料的表面属性，正是这一属性直接对人的感知施加影响[1]。

对于材料的价值，森佩尔"坚信材料及其制作构成了人类的内在愿望与外部客观世界之间的交汇点"[2]。但森佩尔同时指出，建筑形式虽然一直都受到建筑材料的影响，但并不由建筑材料来决定。建筑中材料的选择和使用要"根据自然法则"，但是它们的形式和特征却应该取决于建筑本身的内涵和观念，而不是材料本身，"艺术品的'意志'不是服从于制作材料的本质属性，而是正好相反，制作材料要服从于艺术品的'意志'"。[3] 森佩尔一方面强调材料及其制作工艺对建筑的决定性影响，同时又指出，艺术品的'意志'必须超越这种物质性，要建立在充分驾驭这些物质性要素的基础之上。

（4）路斯的"饰面的律令"

对于贴面，森佩尔强调了其必要性和重要性，认为建筑的本质就凝结在这薄薄的覆层之上，而非覆层之下的结构。阿道夫·路斯（Adolf Franz Karl Viktor Maria Loos，1870 ～ 1933 年）继承了森佩尔的面饰原则，同样把毯子和织物用于建筑问题的讨论。

路斯提出"建筑师的根本任务在于创造一个温暖宜居的空间"[4]，而不是什么形式创造或者技术应用，建筑师最应该关注的是"鲜活的生活"。毯子对于营造"温暖宜居"的空间来说不仅非常适合，而且在"围护和定义人居空间时起到根本性

[1] Tonkao Panin. Space-Art：The Dialectic between the Concepts of Raum and Bekleidung [D]. Phd diss., University of Pennsylvania, 2003.

[2] 同上。

[3] 史永高. 材料呈现——19 和 20 世纪西方建筑中材料的建造 - 空间双重性研究 [M]. 南京：东南大学出版社，2008：54.

[4] Adolf Loos, "The Principle of cladding", in Spoken into the Void：Collected Essays 1897-1900, translated by Jane O.Newman and John H.Smith, Cambridge：The MIT Press, 1982.

的作用"，正是织物以及其他材料的饰面层在围护空间的同时，赋予了空间以特质。所以，建筑师要根据建筑氛围的要求来选择相应的饰面材料及其表面处理方式。而且，空间氛围应该通过材料的真实面貌来达成，而不应该建立在材料的伪饰与欺骗之上。

路斯在《建筑材料》一文中，谈到 19 世纪末、20 世纪初维也纳的社会背景，社会上普遍存在着对于贵重材料的追求；手工业者通常采用模仿手段，将材料以次充好，谋求更高价值的材料及其装饰效果；在建筑行业也普遍存在着材料模仿造成的虚假和不诚实的现象。这便是路斯提出其"饰面的律令"的背景。

路斯指出："每一种材料都拥有自身的形式语言，没有哪一种材料可以强求别的材料的形式。因为形式的达成，正是源自材料的应用特征以及它的加工方法。它们不仅是和材料一起形成，而且还是经由材料而来。"[1] 路斯提出建筑师要根据建筑氛围的要求来选择相应的饰面材料及其表面处理方式，而且，空间氛围应该通过材料的真实面貌来达成，而不应该建立在材料的伪饰与欺骗之上。

路斯进而提出"饰面的律令"：饰面本身（material clad）与被饰面物（its cladding）之间不能造成混淆。用真实的材料饰面往往是必须的，但虚假的模仿和伪饰所造成的混淆则坚决不可以。路斯抨击的是劣质材料伪饰成贵重材料的以次充好的行为，对当时对软木着色模仿硬木、粉刷模仿砖墙的现象提出严厉批评，木材可以用任何一种颜色来油漆，但除了一种——那就是木材的颜色；粉刷可以做成任何一种装饰，但除了一种——粗粝的砖墙；每一种墙体的饰面材料——墙纸、油布、织物、锦缎——都不应该去模仿砖头或石材。同样，针织内衣可以染成任何的颜色，但是唯独不能是肌肤的颜色；舞蹈演员穿上肉色弹力袜的时候，就会缺乏美感。另外，当遇到饰面与被饰面材料颜色相同的情况时，饰面可以保留本来的颜色。比

[1] 西安建筑科技大学等.建筑材料 [M].北京：中国建筑工业出版，2004：2.

如将沥青涂在黑色的铸铁上面，给一种木材进行薄木贴皮或细木工镶嵌[1]。

路斯把创造"温暖宜居"的空间作为建筑师的首要任务，而饰面的重要性正在于达成这一目的。其饰面的律令中"不造成混淆"的前提是坚持材料的真实性原则，尊重材料的属性，而且主要指材料的表面属性而非结构属性。对于"本体"与"再现"的二元关系，路斯只强调了"再现"。同时强调的是表层的饰面材料要得到清晰表达，不能与被饰面物相混淆，通常指的是饰面背后的结构性框架或者墙体。

对于路斯来说，通过一般建造过程得到的室内界面显然达不到"温暖宜居"的质量水准，所以需要饰面，这是路斯饰面律令的第一个内容：饰面常常是必要的。对于饰面材料不能与被饰面物相混淆，也可以这样理解：如果两者相似，则说明被饰面物自身也可以达到饰面层所起到的"温暖宜居"的作用，那就无需再进行饰面了；或者是选择的饰面层不够恰当，和被饰面物没有太大区别，都无法达到目的。

路斯对于饰面材料的关注还来自于他对待传统装饰的态度，"装饰就是罪恶"成为路斯广为人知的言论。路斯在经济上、政治上、审美上反对装饰，"装饰真正的危险在于它分散和浪费了本该用于社会性事业中的时间与精力"。另外，路斯认识到当时工业化生产的装饰品粗劣不精，但他也深知装饰会带来建筑丰富的象征性和社会性，因此采用精美的材料来替代先前的装饰品。"高贵的材料和精致的工艺不仅仅继承了装饰曾经起到的社会功用，作为一个独特性的标志，而在丰裕豪华上更是有过之而无不及。"[2]"相比较装饰而言，现代的奢侈更多地依赖于材料的完美和制作的品质。"[3]

这些精美的材料将用作室内的面饰来营造"温暖宜居"的空间，路斯的室内空间充满着华丽珍贵的材料，充分展现了材料自身的美学特质，洋溢着对材料知觉性的颂扬。路斯继承了

[1] 阿道夫·路斯著.饰面的原则 [J]. 史永高译.时代建筑，2010（3）：152-155.

[2] 王为.混凝土与建筑表层——一个关于建筑观念史的个案研究 [J].新建筑，2013（6）.

[3] 黄厚石.事实与价值—卢斯装饰批判的批判 [D].北京：中央美术学院，2007.

[1] 史永高. 材料呈现——19和20世纪西方建筑中材料的建造 - 空间双重性研究 [M]. 南京: 东南大学出版社, 2008: 92.

[2] 史永高. 是什么构成了材料问题之于建筑的基本性 [J]. 新建筑, 2013 (5): 24.

森佩尔，但又区别于森佩尔对于材料和饰面象征性的强调，转而关注材料自身的视觉品质以及相应的知觉属性和空间内涵。"如果说森佩尔的饰面是具有象征性的，那么路斯的饰面则是材料，一种有着具体物质和知觉属性的材料。"[1]

（5）层叠与实体建造中面饰的价值判断

19世纪的英国建筑师斯特雷特（George Edmund Street，1824 ~ 1881 年）将砖石建造方式分为两种：实体建造（Monolithic construction）和层叠建造（layered construction）——实体建造以砖石砌筑的教堂建筑为代表，层叠建造指向大理石贴面建筑，由此带来了建筑的价值判断问题。实体建造的墙体表层与内部是由同一种材料建造而成，比如通体全部是由相同的木材、砖石，或者是土构筑而成，表达了一种真实的建造和表现。层叠建造中，表层与内部的材料会有所区别，内部材料以及真实的建造过程被表层贴面所隐藏，被视为一种不诚实的建造体现。在评判建筑真实性问题时，这成为一个重要的讨论议题。

爱德华·福特在《现代建筑细部》中指出，层叠建造是现代建筑的一种主导建造方式[2]。事实上，通过饰面发展的简述可以发现，从建筑早期开始，建筑的墙体就采用了层叠建造的方式和丰富的饰面手法，很多看起来属于实体建造的墙体也未必真实，比如古罗马的砖砌墙体就没有表面上看起来所具有的实体建造的真实性，其表面和内部的材料也有优劣区别。

随着现代建筑工业的发展，钢筋混凝土以及整体浇筑结构形式普遍使用，饰面常常是必须的围护外层，成为掩饰建筑工业生产过程中表面遗留问题的有效手段。贴面砖的使用，以层叠建造的方式，保留了砌体建筑外观上的实体建造性质。这种做法虽不是真正意义上的真实，但从建造过程来看，这种层叠建造的方式恰恰是符合这一建筑生产方式的，是忠实于建造方法的；而且这种饰面材料与方式广为人知，不会使人在判断上混淆为砖石砌筑，反而是饰面材料最为真实的表达。层叠建造与实体建造所具有的价值判断也应该随着对建造的认识过程而不断发展。

（6）早期现代主义的白墙

20世纪20年代的现代建筑多以白墙示人，无论建筑内外都涂有白色的涂料。白色墙面的做法自古就有，究其原因，抹灰常用的熟石灰自身就是白色；另外，白色的室内墙面给人以干净、整洁、大方之感，对光线的反射能力也最强。但直到20世纪20年代的早期现代主义建筑中，白色墙面才成为一种有着较强文化意识和艺术追求的建筑处理手法。

柯布西耶作为这一时期的领军人物，他的建筑都采用了白色的墙面。柯布西耶经过对地中海建筑的游历，认为地中海建筑的魅力来自于那些洁白的墙面，使得形式可以在阳光下进行壮丽的表演[1]。柯布西耶在《一道白色涂层：雷宝灵的法令》（1925年）（雷宝灵是一个涂料的品牌，当时应用较广——作者注）一文中，倡导热爱纯粹的道德行为准则，大家都应该"卸下帘幕，揭掉墙纸，抹去装饰，涂上白色的涂料，这样会非常干净，家里不会覆满灰尘，也不会有阴暗角落，事物会表现出本身的面目"[2]。

第一次世界大战之后，欧洲面临着战后重建问题，在资源匮乏的情况下需要快速满足人们的住宅需求，经济性成为一项重要考量。白色粉刷是最为经济的处理方法，既节约资源，又节省劳动力成本，同时还是社会公正与平等的象征。白色粉刷第一次具有了社会和政治意义。

白墙对于装饰的去除，不但是经济与社会的考量，而且使空间的概念得以凸显。空间是现代建筑最重要的概念和表现对象。白色的墙面在净化装饰的同时，也净化了材料，隐藏了材料的真实性和感官性。材料与空间有着潜在的冲突，精美的材料有着丰富的感官性，会吸引人们的注意力，从而干扰对空间的关注。而白墙抑制了材料物质性的表现，突出了建筑形式和

[1] Le Corbusier. The Decorative Art of Today, trans. James Dunnet [M]Cambridge：MIT Press，1987：207.

[2] Le Corbusier. "A Coat of Whitewash：The Law of Ripolin," in Le Corbusier, The Decorative Art of Today, trans. James Dunnet[M] Cambridge：MIT Press，1987：188.

空间的抽象品质，强化了对空间抽象性的体验。白墙通过对材料感官性的抑制，将抽象的空间凸显在前，成为建筑表现和体验的主角。

（7）丰富多元的饰面发展

20世纪中叶之后，伴随着对现代主义建筑的发展和批判，多种思想先后涌现，饰面同样出现了多元化的发展。白色派、灰色派、光亮派、高技派、粗野主义、地域化、瑞士盒子学派等设计思潮与流派中，虽然材料问题不是其理论的中心，但每种思潮都有着自身的材料特征或者倾向，以及处理材料的态度和方法，面层处理也得到异彩纷呈的表达。

随着表皮与结构的分离，表皮展现出了更大的自由度，摆脱了结构限制，结合先进的工艺技术，立面成为材料、形式的表演场地。饰面成为立面最普遍的做法，各种材料、技术被不断深入挖掘，承载了多元化的设计表现。

（8）表皮的发展

表皮在近三十年中引发了越来越多的关注，后现代时期对表皮的符号和象征意义进行了强调，而当代建筑则更为关注表皮的材料与制作，材料的表面属性逐渐成为空间营造的重要媒介。关注材料的表面属性和空间表达是设计发展的重要趋势之一，无论是建筑中的表皮、室内中的面饰、家居中的面料，都体现了这一重要的趋势。

《辞海》中"表皮"被解读为"人和动物皮肤的外层……是植物体和外界环境接触的最外层细胞，其结构特征与其功能密切相关；有防止水分失散、微生物侵染和机械或化学损伤的作用；为体内外气体交换的孔道，调节水分蒸腾的结构……"[1]这一解读更多地从生物学角度来进行。建筑表皮，是建筑外部与内部的界面，承担着建筑内外的沟通，理想的状态是具有这些类似的生物学特质，但事实上即便是目前最为先进和智能的建筑表皮也无法具有这种能力。

[1] 司化，杨茂川 . 现代建筑表皮的构成材料探析 [J]. 美与时代（上），2011（6）.

表皮、表层、表面三个词语意思非常接近，但各自的使用语境有所区别。

表皮常常与结构对应，表皮暗示了现代建造方式中"皮"与"骨"的分离。钢铁框架以及钢筋混凝土结构的发展，围护与承重功能可以相互脱离，建筑以"骨"承重，"皮"则得以解放从而成为自由表现的中心。

表层的理解隐含了建筑的建造方式——实体建造和层叠建造的区分。实体建造墙体表层与内部是由同一种材料建造而成，层叠建造则是表层与内部的材料会有所区别。实体建造指向一种诚实的建造方式，其实层叠建造更符合现代建造方式，墙体内部材料大多为钢筋混凝土，表层为砖、石、木等贴面，各类涂料也可以看作薄薄的面层。由于建筑材料与结构的变化，"现代建筑在建造方式上越来越层叠化"[1]。

表面则更加强调物质所展现的外部面貌，可以是表皮的表面，也可以是表层的表面。石材表面上浅浅的浮雕丝毫没有增加其他的物质，仅仅是石材的表面，不关乎表皮或是表层。表面的概念在材料与空间之间建立起联系，表面限定了空间，并且营造了空间氛围。表面的概念不仅是材料物质性方面，而且与空间性相联系[2]。

建筑表皮是建筑空间的围护，是空间中的物质实体，承担着内外空间分割的作用，表现为多种材料组成的具体形式，是人们进行空间体验、获取空间信息的媒介，同时需要满足建筑的美学、技术、节能等多方面的要求。

表皮始于围护，可以追溯到森佩尔的建筑动机说。森佩尔认为早期的兽皮、编织围栏以及后来的织毯形成了最早的建筑表皮，而后被灰泥、砖石替代，但是早期的编织意象在表面图案、装饰以及建造工艺痕迹中得以留存，从而在表皮的物质转化中留存了精神和表现内容。勒·柯布西耶在《走向新建筑》中阐述了现代建筑的三个要素：体块、表面、平面，"体

[1] Edward R. Ford. The Details of Modern Architecture [M]. Cambridge, Mass: MIT Press, 1990: 352.
[2] 史永高. 表皮，表层，表面：一个建筑学主题的沉沦与重生 [J]. 建筑学报，2013（8）: 1-6.

[1] 陈龙. 表皮的阐释 [D]. 北京：清华大学，2003.6.

[2] Mohsen Mostafavi, David Leatherbarrow. On Weathering：The Life of Buildings in Time[M]. Cambridge, Massachusetts： The MIT Press, 1993.

[3] David Leatherbarrow, Mohsen Mostafavi, Surface Architecture[M]. Cambridge, Massachusetts：The MIT Press, 2002.

块和表面是建筑借以表现自己的要素。体块和表面由平面决定。平面是生成元；体块被表面包裹；建筑师的任务是使包裹体块之外的表面生动起来"[1]，表皮是为体量服务的。并且，柯布西耶在后来提出的新建筑五点中提出了"自由立面"一项。借助钢筋混凝土的框架结构，墙体的结构承重作用减弱甚至消失，建筑表皮由此获得了巨大的自由度和表现性，表皮材料、形式更灵活多变，表现手法日益丰富，逐渐成为建筑表现的主战场。宾夕法尼亚大学戴维·莱瑟巴罗在《论风化》中讨论了人对建筑的使用行为以及自然的风化作用对建筑表皮带来的影响[2]；在《表皮建筑》一书中，从结构与表皮的分离开始，考察了瓦格纳、路斯等人的建筑实践，并积极回应了当代建筑的表皮现象[3]。

从历史向度来考察，建筑表皮的发展大概经历了以下几个阶段：古典主义时期对建筑表皮装饰性的强调，表皮作为建筑装饰立面而存在，在不同时期和地域文化之中，装饰元素和母体也各有区别，以浮雕、纹饰、柱式、马赛克等为主，表皮是装饰题材的表现载体，传达了不同的建筑文化；现代建筑时期，空间成为建筑主体，表皮排斥了装饰性母体，以更简洁、更理性的方式体现，更以早期的白墙为代表；后现代主义时期，表皮重新展现了内容的复杂性和表意性，讲究历史要素的铺陈以及复杂的设计表现；多元化时期，不同的艺术与空间主张，对表皮的要求各有不同，表皮走向复杂化和媒介化；当代的建筑表皮一方面是空间的物质分隔，另一方面成为新的表现对象。表皮的发展出现了图像化、生成化、媒介化等现象和趋势。

表皮传达着建筑的功能、文化、意义等信息，表皮的图像化成为最佳的表意方式，图像代替了材料的质感成为建筑界面的主要表达内容。赫尔佐格与德梅隆利用丝网印刷技术对建筑表皮进行图像化处理，他们将这一技术运用在玻璃、混凝土表面，获得了统一的、具有画面感的建筑界面。在埃伯斯沃德技工学院图书馆（图 2-10）项目中，在玻璃和混凝土上印刷了相同的图案，获得了统一外观的同时，消解了两种材料的空间差异性。

借助数字化、参数化等新方法，表皮的设计可以通过计算机程序进行自发的涌现生成，表现为折叠、连续、非线性等特征。

进入信息化时代，表皮的形态和功能已经不仅仅局限在与建筑表现的关系之上，而成为信息传播的媒介，从而与环境、场地、社会直接关联，除了在造型、材料、结构等方面的精心营造之外，各类传播装置，如电子屏幕、视觉图像、虚拟现实等新媒体技术，也成为建筑表皮的重要组成部分。

同时，新时代对节能环保的要求，使得建筑的外围护结构成为多层次的表皮系统。欧盟计划在 2020 年实现新建筑零能耗的目标，如何在建筑表皮上增加太阳能面积成为近年研究的热点，将一种半透明的建筑一体化光伏（BIPV）模块嵌入幕墙已经成为一种新趋势[1]，因为其能够兼顾节能和立面美观的要求。

图 2-10 埃伯斯沃德技工学院图书馆

### 2.4.5 材料结构性认知

#### 2.4.5.1 结构理性主义

对材料结构属性的关注，主要集中在结构理性与建构思想之中。17 世纪以来的静力学和材料科学的发展，以及 19 世纪铸铁和钢筋混凝土在建筑中的应用，都促使人们对于材料结构表现的关注。最为重要的著述是肯尼斯·弗兰姆普顿的《建构文化研究》，从诗意的表现看待 19 世纪、20 世纪中的建造问题。结构理性主义与建构理论强调了材料结构性能的展现。

结构理性主义（Structural Rationalism）一词最早的表述出现在彼得·柯林斯（Peter Collins）1965 年的著述《现代建筑设计思想的演变》之中[2]。弗兰姆普顿在《现代建筑：一部批判的历史》中论述结构理性主义时，列入了维奥莱 - 勒 - 迪克

[1] 孙凌波. 第 7 届能源论坛：太阳能建筑表皮 [J]. 世界建筑，2013（1）：112.

[2] 李军. 古典主义、结构理性主义与诗性的逻辑——林徽因、梁思成早期建筑设计与思想的再检讨 [J]. 中国建筑史论汇刊，2012（4）：407.

[1] Kenneth Flampron. Modern Architecture A Critical History [M]. London; Thames and Hudson Ltd, 1985: 64-73.

[2] 王骏阳.《建构文化研究》译后记(上)[J]. 时代建筑, 2011（7）.

[3] 同上。

[4] 同上。

[5] John Musgrove. "Rationalism（Ⅱ）". The Dictionary of Art[M]. Oxford; Oxford University Press, 1998, 26: 14.

[6] Kenneth Frampton. Modern Architecture: A Critical History[M]. New York: Thames and Hudson, 1992.

[7] 胡子楠. 诗意制作 [D]. 天津: 天津大学, 2013.

[8] 张利, 姚虹. HPP 与德国现代建筑的理性主义传统 [J]. 世界建筑, 2000（8）: 17.

的理论，以及受其影响的高迪（Gaudi）、霍塔（Horta）、吉马尔（Guimard）、贝尔拉格（Berlage）等人的建筑实践[1]。

弗兰姆普敦在《建构文化研究》中指出，结构理性主义"勇于向当代厚颜无耻的布景式折衷主义建筑宣战，主张建立一种以逻辑、气候、经济以及精巧的工艺生产和实用要求为基础的、作为建造艺术的建筑学思想"[2]，同时，"始终如一地倡导将不同的材料、技术和资源进行动态组合，其目的就是发展一种符合时代特点的紧密有效的建造方式"[3]。结构理性主义主张"力学逻辑和建造程序的理性原则是无法分离的，它们互为前提，又互为结果，而揭示建筑传递荷载和重力的方式则成为结构理性主义的重要内容之一"[4]。

穆斯戈罗夫（John Musgrove）将结构理性主义思想解释为"以科学特别是伦理的方式来设计，并采用最合理的建造形式处理结构与构造问题"[5]。

结构理性主义代表人物维奥莱 - 勒 - 迪克（Eugene Emmanuel Viollet-le-duc，1814 ~ 1879 年）指出："在建筑中，有两点要做到忠实，第一是忠实于建造纲领，第二是忠实于建造方法。忠实于建造的纲领，这就必须精确地和简单地满足功能需要；忠实于建造方法，就意味着按照材料的质量和特性去使用它们。"[6]

勒 - 杜克强调材料在结构使用上的真实性，并主张使用更能满足结构性能要求的新型材料，"对于建筑师来讲，建造就是意味着根据材料的特性和材料的本质来使用材料，建造者应该根据材料的要求和建造者的环境来处理材料"[7]。

结构理性主义对建筑结构的强调，一方面是对建筑结构进行理性分析，注重建筑结构及构件的理性表达，另一方面是从美学的高度理解建筑结构[8]。

### 2.4.5.2 建构理论

19 世纪建构理论在德国兴起，当时正处于工业化的初期，新的工程材料和技术快速发展，在建筑中，面对新材料、新技术与旧的建筑形式之间的冲突与分裂，德国建筑理论界在 19 世纪上半叶对建筑样式问题进行了大讨论，探讨能够应对高速工业化背景的建筑发展之路。建构理论强调了对结构、材料、构造的关注，倡导将技术重新置于美学的中心位置，希望通过这种方式来摆脱当时风格泛滥，建立一种新的建筑风貌。同时，建构理论也试图在观念和学科上保持建筑学与工程、结构、材料和建造之间的本质关联，纠正当时过于"美术"化的建筑学观念[1]。

席沃扎在《建构学的哲学》中，对德国建构理论进行了历时性的解读，主要介绍了辛克尔、博迪舍、森佩尔等人的贡献。

席沃扎认为辛克尔对建构理论的贡献非常重大。首先辛克尔提出建筑的"基本形式"来代表"被美学感知提升的构造"的各种类型，对形式的研究不仅告诉我们构造的特色，而且也让我们看到美学感知的发展如何提升了构造。其次辛克尔继承了赫特的观点，认为在建筑中装饰是对结构作用的模仿。就表现"力"和"物质"而言，装饰是"构造的工科"的文科。此外，"辛克尔把建构作为抗衡无思想的模仿和文化混乱的砝码。通过把装饰象征主义转向结构，他为现代建筑确定了一条自我发现的道路"[2]。

卡尔·博迪舍（Karl Botticher，1806 ~ 1899 年）以其建构理论而闻名，出版了《希腊建构形式的发展》（1840 年）、《希腊人的建构》（1844 年，1852 年）以及《希腊和日耳曼的建造方式的原则》（1846 年）等多部著作来阐释其建构理论[3]。博迪舍把建筑定义为构成建筑的活动，主张通过建造房屋的过程来研究建筑。建筑不再仅仅通过有限的形式来予以理解，而成为一种表达"力"的结构关系。

博迪舍把建筑形式分为"核心形式（Kemform）"和"艺术形式（Kunstform）"。核心形式是"在机械学上必须的、在静力学上有功能作用的结构"，艺术形式是"让机械学——静力学功能明显可见的特征塑造"[4]。

[1] 王骏阳."结构建筑学"与"建构"的观点 [J]. 建筑师，2015，174（4）: 24.

[2] 彭怒."建构学的哲学"解读 [J]. 时代建筑，2004(6): 84.

[3] 米切尔·席沃扎著. 卡尔·波提舍建构理论中的本体与表现 [J]. 赵览译. 时代建筑，2010，(3): 143-145.

[4] 同上。

博迪舍在《希腊人的建构》中写道："建筑的每一部分都可以通过核心形式和艺术形式这两种因素得以实现。建筑构件的核心形式是结构机制和受力关系的必然结果；而艺术形式则是呈现结构机制和受力关系的性格塑造。"[1] 在博迪舍看来，核心形式对应了本体，艺术形式的任务就是再现核心形式，艺术形式的外壳应该具有解释和强化结构本体内核的作用，艺术表现应该能表达材料特质和受力特征。

博迪舍进一步指出，那些从文艺复兴开始便主宰建筑设计的美学原则已经不能与新的艺术观念相协调，希腊和哥特的结构体系对于当时的时代需求也不会再奏效，建筑空间体系的创新与发展必须建立在新的结构原则之上[2]，新的艺术形式应该来自于建造（核心）形式。

通过"核心形式"和"艺术形式"的划分，博迪舍将结构与装饰、本体与表现联系起来，对建筑学来说是新的思考方法。[3] 博迪舍的主要目标就是在结构和装饰之间建立一种理性关系，将艺术与结构在建筑中达成统一。这一区分成为他提倡铸铁技术革新的认识基础，使博迪舍完成了从"历史的建构"到"铸铁建构"的理论过渡。

博迪舍认为，那些陈旧的建筑美学原则与过往的结构体系已经无法适应当时的时代需求，新的材料以及结构体系才是建筑发展新的动力。"从最初使用石头覆盖空间的简陋尝试开始，到尖拱为代表的高级形式，再到当代的成就，一切都证明，作为一种创造空间的方式，石头建筑的道路已经走到了尽头，运用这一材料的新的结构可能性也所剩无几。我们再也无法将石头作为当代处于高级发展阶段的建筑的唯一结构材料来使用。石头的绝对强度和相对强度都已经挖掘得差不多了，如果还有什么未知的新的创造空间的体系的话，那么它只能取决于未知的材料的出现。……这一材料就是铁，铁必将成为未来建筑体系的基础。"[4]

[1] [美]肯尼思·弗兰姆普敦著.建构文化研究：论19世纪和20世纪建筑中的建造诗学[M].王骏阳译.北京：中国建筑工业出版社，2007：85.

[2] 同上。

[3] 米切尔·席沃扎著.卡尔·波提舍建构理论中的本体与表现[J].赵览译.时代建筑，2010（3）：145.

[4] 谢明潭.十九世纪德国的"风格"论战[D].南京：南京大学，2012.

　　博迪舍指出新的建造必须建立在铸铁材料与技术之上，新材料和新技术要创建自身的形式特色，而不能依照历史风格。由于铸铁的承重及结构性能优越，铸铁结构构件可以做得纤细单薄，这便与传统砖石结构的厚重坚实反差明显，难以与人们的审美以及视觉习惯相符，而博迪舍对于铸铁材料所带来的建筑上的轻盈和通透大加赞赏，并指出只有对原材料结构系统的认识才使我们理解到所有的"单一的建筑构件由于空间特征和受力属性以它们必须的形式、秩序与连接方式存在"[1]。

　　森佩尔在《建筑四要素》中，建立了"动机—形式—工艺"的线性关系，森佩尔将建筑四要素与特定的建构工艺相对应：编织对应于围合的艺术以及侧墙和屋顶，木工对应于基本的结构构架，砖石砌筑对应于基座，金属和陶土工艺对应于火炉。森佩尔将建筑的墙体看成是由围合的基本动机驱使，提出围合—墙体—编织的对应关系，并明确提出建筑的本质在于其表面的覆层，而非起支撑作用的内部结构。

　　爱德华·F·塞克勒在《结构，建造，建构》中通过对结构、建造、建构三个概念的比较，对建构进行解读。"结构表示针对房屋受力进行安排的体系或原理，如梁柱结构、拱券结构、穹顶结构等；建造意味着某种力学原理或结构体系的具体实现，它可以通过许多不同的材料和方式来完成，比如，梁柱体系可以在木材、石材之中完成，连接手段也多种多样。建造涉及材料的选用、工序和技术等诸多问题；而结构则使人们对建筑体系的恰当性和有效性进行评判成为可能。一个合理的结构体系可能建造得很糟，而一些建造精良的建筑从结构的眼光看却不尽合理。当结构概念通过建造得以实施之后，其视觉效果会通过一定表现性的品质影响我们，这样的品质显然与力的作用以及建筑构件的相应安排有关，可是又不能仅仅用建造或结构进行描述。这类品质表现形式与受力之间的关系，正好用建构这个术语来描述。"[2]

[1] 米切尔·席沃扎著；赵览译，卡尔·波提舍建筑理论中的本体与表现[J].时代建筑，2010（3）：146.

[2] 爱德华·F·塞克勒著；凌琳译.结构，建造，建构[J].时代建筑，2009，（2）100-103.

[1] 史永高."新芽"轻钢复合建筑系统对传统建构学的挑战 [J]. 建筑学报，2014（1）：89-94.

[2] Kenneth Frampton. Studies in Tectonic Culture: The Poetics of Construction in Nineteenth and Twentieth Century Architecture [M]. Cambridge: MIT Press, 1995.

[3] 王骏阳."结构建筑学"与"建构"的观点 [J]. 建筑师，2015（4）：26.

[4] 彭怒."建构学的哲学"解读 [J]. 时代建筑，2004（6）：85.

[5] 卡雷斯·瓦洪拉特著. 对建构学的思考——在记忆的呈现与隐匿之间 [J]. 邓敬译. 时代建筑，2009（5）：133.

[6] 史永高."新芽"轻钢复合建筑系统对传统建构学的挑战 [J]. 建筑学报，2014（1）：89-94.

对于三者的关系，塞克勒指出，结构作为基本的力学体系，需要通过具体的建造实践才能实现，而结构在视觉和感知上的表现力，则可以用"建构"一词来描述，"建构"是建筑师对结构的视觉呈现之道，"一种源自于建造形式受力特征的建筑表现性，但最终的表现结果又不能仅仅从结构和建造的角度来进行理解"[1]。

弗兰姆普顿的《建构文化研究》[2]是研究建构理论的重要著作，弗兰姆普顿将建构称作建造的诗学，建筑是关于建造的艺术。王骏阳认为《建构文化研究》有三个理论基础：一是勒-迪克的结构理性主义，二是博迪舍的"核心形式"和"艺术形式"理论，三是森佩尔的建筑四要素理论 [3]。结构理性主义强调了理性的结构分析与清晰表达；博迪舍对"核心形式"和"艺术形式"的划分，对应了结构与装饰、本体与再现的关系，指出艺术形式应该是对核心形式的反映，可以理解为建筑形式与结构形式的关系；建筑四要素则是通过论述建筑的四个原初动机，指出建筑形式与技术和建造之间的关系，提出了"框架建构学"与"基础的受压体量砌筑术"的划分 [4]，还隐含了社会性、建筑与基地、围合与表皮等论题。

卡雷斯·瓦洪拉特归纳了建构学的 3 个基本要点，首先是重力和相关的物理学；第二是建筑的结构；第三是构造——将材料装配在一起的方式，这会影响建筑物的建筑表面形象 [5]。

从以上几位重要理论家对建构的论述可以看出，建构是一种与结构、建造、材料相关的建筑品质，可以简单理解为对结构关系的忠实体现和对建造逻辑的清晰表达，"诸如结构受力的方式应该清晰可辨，重力传递的路径必须视觉可读，建造过程和节点要得到诚实表达，材料的本性要得到忠实遵循"[6]等观点。

### 2.4.5.3 材料的结构呈现

在空间中，不仅材料表面可以具有丰富的表现性，材料的结构经过适宜的处理也可以获得一定的空间表现性。

森佩尔将建造技艺分为两种基本类型：构架体系、砌体结构。构架体系以线状构件进行搭接与支撑，如木构架、钢构架等；砌体结构是以砖、石类体块构件进行叠层砌筑。在美学呈现上，构架体系轻盈飘逸，面向空中延展；砌筑体系厚重坚固，根植于大地；两者之间表达了一种非物质化的构架形式与物质性的实体砌筑之间的对比。之后的钢筋混凝土技术为整体塑形建造方式（mould），也是以面、体块形成实体结构，但区别于砌体结构明显的接缝，整体塑形能够在一定尺度上形成一个匀质的整体。

讨论材料表面的表现性以面性材料为主要对象，材料结构表现的探讨主要针对线性材料而言。

（1）结构的隐藏与暴露

在空间中，结构的隐藏与暴露这一问题有以下几种处理途径：可以选择将结构完全暴露出来，充分展现结构的空间表现力；可以选择将结构隐藏起来，不在表面留下任何痕迹和暗示，那么结构将不存在空间表现的问题；抑或隐藏结构但在表面留下痕迹来暗示结构关系，那么结构则具有一定的空间表现；当然，这种暗示信息可能是对的，也可能是错误的，也就是说，这种表现性需要一定价值判断才能正确理解。

这一关系，可以简化为结构与外观的四种关系——"结构暴露、结构被覆层表达、结构被覆层隐藏、结构被覆层篡改"[1]，这四种关系中，结构与外观的符合度逐层递减。

结构的隐藏与暴露问题，除了视觉层面之外，还有心理层面或感知层面的隐现问题。比如，我国传统建筑中的梁枋彩画，在解读结构的隐藏与暴露问题方面，就具有两面性，一方面，彩画的存在使梁枋更引人注意，可以理解为对结构构件的强调；同时，丰富的彩画又将注意力引向彩画内容，从而在感知层面忽略对其结构性的关注，可以理解为对结构的隐藏。

[1] 王丹丹."过时的"和"即时的"材料策略[J].新建筑，2010（1）：20.

（2）结构材料与结构形式的关系

材料的结构呈现中还包含了另外一组关系：结构材料与结构形式，两者之间存在两种关系：相符与相悖。结构材料与结构形式的关系准确地讲应该是"结构材料的力学属性和结构构件几何属性的关系"[1]。两者相符是指结构形态符合结构材料的力学属性，否则就是相悖。

19世纪关于铸铁在建筑中使用的讨论，充分展现了结构材料与结构形式的关系问题。持积极态度的人认为两者的关系应该相符，每种材料都应该有自己的形式，新材料应该具有新的形式，而不能盲目沿袭旧有的形式，新材料的形式要根据材料的力学属性来确立。

对于结构的表现，结构理性主张结构关系的暴露，结构及构件之间的关系应该得到清晰而诚实的表达，构件应能够"揭示建筑传递荷载和重力的方式"。建构理论不但主张"对结构关系的忠实体现和对建造逻辑的清晰表达"，而且认为应该是"诗意"的表达，是对建造的艺术性处理。

[1] 王丹丹.19世纪西方结构形态和结构材料关系的两面性[J].建筑师,2014（2）:168.

### 2.4.6 材料装饰性认知

材料的装饰性认知主要从材料与装饰的三种关系进行思考。

（1）材料作为装饰

材料一直是重要的装饰要素，能够起到很好的装饰作用，材料和装饰一直都具有彰显地位、权利、财富的象征意义。精美的石材、木材以及黄金、象牙等贵重材料一直是重要的室内装饰材料。纵览古今中外的设计历史，对这些优质材料的追求从未中断。拉尔夫·沃纳姆把装饰分为两种价值取向——象征的与审美的，材料虽然具有一定的象征意义，但更多的是来自于材质之美。也就是说，材料作为装饰，其美学价值要比象征价值更为突出。

正是由于精美材料的独特装饰作用，才有了人们的材料模仿行为，引发了关于材料真实性的思考。拉斯金将材料的模仿称为装饰的欺诈，比如在木头上绘制纹路充当大理石，或者在表面上绘制凸凹感等行为。路斯则针对这一模仿行为提出其著名的"饰面的律令"。

（2）装饰源于材料

卡尔·博迪舍对建筑"核心形式"和"艺术形式"的区分方法，在装饰和材料的关系上也有影响，作为"艺术形式"的装饰内容应该与材料的结构与受力关系这一"核心形式"相适应。博迪舍的"铸铁建构"观点中，也提出旧的美学原则无法与新的材料、结构以及艺术观念相协调，新建筑、新形式要依赖于新材料的发展应用。

赫伯特·里德提出的装饰设计法则中，认为"正确的装饰自然地、不可避免地来源于某种材料的物理属性和对那种材料的处理过程之中"[1]。从 19 世纪开始，这样的思想已经普遍存在。沙利文曾指出，好的装饰应该是建筑表面或结构的一个部分，两者是和谐的，"当装饰被完成的时候，它看上去应该是从材料中诞生出来，就好像一朵花蕊从母体的枝叶中生长出来一样"[2]。好的装饰应该是建立在对材料性能的体现之中。

（3）材料替代装饰

材料的价值来自与其天生丽质及其稀缺性，装饰除了自身所具有的美感与艺术价值之外，包含了大量的人力价值，特别是智力的价值。但是，从工业化开始，装饰品逐渐得以批量化生产，装饰丧失了其原有的稀缺价值和人力价值，因此不再承担原有的地位、财富等象征意义。装饰品的价值受到质疑，转而追求精美的、特殊产地的、稀缺性材料，成为新的财力象征。

路斯在《袖手旁观》（Hands Off !，1917 年）中指出，精美材料的装饰性甚至比装饰品还要奢侈。在《装饰与教育》一文中，路斯又进行总结："相比装饰，现在的奢侈更多地依赖材料的精美和制作的品质。"[3] 基于这一观点，路斯在自己的

[1] 黄厚石 . 事实与价值——卢斯装饰批判的批判 [D]. 北京：中央美术学院，2007.

[2] 同上。

[3] Ornament and Education, 1924, Adolf Loos（1998）, Ornament and Crime: Selected essays, Riverside: Ariadne Press.p.187.

[1] [英]E. H. 贡布里希著. 秩序感 [M]. 范景中，杨思梁，徐一维译. 长沙：湖南科学技术出版社，1999：35.

[2] David Brett. Rethinking Decoration: Pleasure and Ideology in the visual arts[M] Cambridge: Cambridge University Press, 2005.

[3] [澳] 詹妮弗·泰勒著. 槙文彦的建筑：空间·城市·秩序和建造 [M]. 马琴译. 北京：中国建筑工业出版社，2007：88.

实践中大量使用昂贵精美的大理石材料。

贡布里希曾总结装饰与简朴之间的关系："缺少装饰必须以优秀木料和精湛技艺作为补偿。区分简朴与否是个选择能力的问题，与缺少装饰手段无关；外形越简单，表面处理就要越仔细，选材也得更精良，这些品质是庸俗的风格和不加鉴别的风格所不具备的。"[1] 这里所表达的内容也可以理解为"简约"与"简单"的区别。

在现代主义设计中，装饰一直作为批判的对象而被排斥。"装饰的削减首先被材质的美感所替代，其次，精致的细部设计与比例关系起到了进一步的装饰补充。这些新的手段替代了传统的图案装饰。"[2] 在密斯的巴塞罗那馆中，可以清晰体会到这一点。在摒弃了冗余装饰之后，精美的拼花石材和多色的玻璃，成为空间的动人和吸睛之处。石材采用了罗马的灰华岩、绿色的提诺斯大理石以及绿色阿尔滨大理石、玛瑙石；玻璃的颜色有绿色、灰色、乳白色，在透明度上也都有所区别。槙文彦（Fumihiko Maki）也认为："现代建筑拒绝了装饰，如果再没有细部和材料的感觉，不管它的形式多么具有表现力，都会变得非常的空洞。"[3]

如今，在表皮建筑之风中，对材料的手法化操作更是成为建筑立面重要的装饰手段。通过丰富的表面变化、灵活的组合方式、巧妙的结构处理，材料承担了传统建筑中的装饰任务。

# 第三章

## 材料认知与表现内容

## 3.1 材料认知与表现内容归纳

　　针对研究内容，结合专业教材、书籍，初步收集空间材料相关描述词汇142个。召集6位专业教师进行焦点小组讨论，对研究内容进行审查，去除相关性较弱以及意义相近的部分，并进一步将内容整理归纳为16个类别，总共可以涵盖78个具体问题（表3-1）。

材料认知内容汇总　　　　　　　　　　　　　　　　表3-1

| 类别 | 涵盖内容 |
|---|---|
| 表面属性 | 质感、质地、肌理、色彩、光泽、透明度 |
| 材料搭配 | 种类搭配、形态搭配、尺度搭配、表面属性搭配 |
| 外观形态 | 单体形态、整体形态、构造形态、装饰形态 |
| 组织规则 | 美学规则、结构规则 |
| 表面处理 | 表面精度、平整度、加工方式、装饰手法 |
| 技术性 | 新型材料、加工制备工艺、表面工艺、施工技术 |
| 功能性 | 热力学性质、声学性质、光学性质、防水防潮性 |
| 安全性 | 坚固性、防火性、阻燃性、安装及结合牢固性、抗破坏性 |
| 耐久性 | 耐磨性、防腐性、抗老化性、变色性 |
| 环保性 | 有害物质含量、有害物质释放时间、回收利用、垃圾处理方式、自然降解 |
| 经济性 | 价格、寿命、施工成本、维护保养成本、回收成本 |
| 社会性 | 文化艺术价值、情感特征、等级特征、伦理价值 |
| 物理与力学性能 | 密度、表观密度、孔隙率、强度、弹性和塑性、脆性和韧性、硬度 |
| 结构性能 | 结构形式、节点构造、力学关系、结构表现 |
| 知觉性能 | 氛围、视觉、触觉、嗅觉、听觉、味觉 |
| 理论认知 | 本性与真实性、面饰、表皮、材料与装饰、结构理性、建构、物质与非物质性、核心形式与艺术形式、结构与装饰、本体与再现、层叠建造与实体建造 |

16 个类别分别为表面属性、材料搭配、外观形态、组织规则、表面处理、技术性、功能性、安全性、耐久性、环保性、经济性、社会性、物理与力学性能、结构性能、知觉性能、理论认知。

这些问题将用于后续的调查研究，其中，大多数问题比较容易理解，便于开展社会调查，也有些问题需要经过简单解释才能明晰，比如材料的社会性、结构性能、理论认识等；还有部分问题在常规的理解中存在一些模糊和混淆，比如材料表面属性中的质感与肌理，需要进行简单阐释来统一认识。下面将对这些内容进行简要说明。

## 3.2　材料认知与表现内容解读

（1）材料表面属性

材料的表面属性主要指材料表面的色彩、质地、肌理、光泽等。

色彩是材料的物质呈现要素之一，任何材料都具有特定的色彩，在空间中，材料的色彩是重要的感知因素，也是影响空间氛围的重要因素。

质地是由物面的理化类别特征造成的内容要素，如硬度、温度、弹性、韧性、粗糙度、轻重、干湿度等。

肌理指物体表面的肌体形态和表面纹理，是由材料表面组织构造、纹理等几何细部特征造成的形式要素，侧重对材料表面形式要素的描述。肌理的内容包含了材料表面的纹理、图案、形式、凹凸、粗细等。

光泽度是材料表面对光线的反射能力，材料表面具有无数个微小凹面，具有柔和的漫反射效果，与材料表面的凹凸和粗细程度有关。在空间中，材料光泽度因素对空间光环境的营造具有直接影响。

透明度是材料对光线的透过率的评定，对于玻璃、塑料、树脂等这些室内常用的材料来讲是重要的考察指标。

（2）材料搭配

材料搭配指在材料的种类、形态、尺度、表面属性等多方面的组合变化及其丰富性。

比如室内空间中常用木材、石材、壁纸、瓷砖、玻璃、金属等多种材料共同搭配使用；在形态上，地面、墙体材料多以矩形、方形为主，还有部分线性装饰条，室内家具与陈设的形态更加灵活，可以看作是点、线、面、体的综合使用；在尺度上，不同构件根据材料使用环境、用途以及力学强度等因素，会各有变化，比如玻璃，在办公、商业等公共空间中，常作为界面的维护材料，尺度可以达到 3 ~ 4m，在家庭空间中作为隔断尺度多在 1.8 ~ 2.1m；表面属性的搭配方面，每种材料都有其自身独特的表面属性，材料并置在一起就会形成质地、肌理、色彩等对比效果。

（3）材料的外观形态

外观形态包括材料单体形态、整体形态、构造形态、装饰形态等。

材料的单体形态有点状、线状、面状、体块状等。各类砌筑砖块、小型石块等在较大的环境尺度中可以看作点状材料，比如红砖、文化石、陶瓷锦砖等，单体可以看作点状材料，在空间中满铺使用时又呈现出面状形态。线状材料表现为梁、柱等结构构件以及各种装饰线条，如踢脚线、石膏线条、地板压条、装饰铜条等。面状材料以平面为主，曲面为辅，室内空间的各个界面都需要材料进行围合，常用混凝土、砖、石膏板、玻璃等材料。体量较大的石块、混凝土、陈设等可以看作体块状材料。

整体形态是指单体材料在空间中大面积、大体量使用时表现出的总体外观，材料在生产制备时是有相应尺度规格的，用于室内需要进行搭配拼装形成整体效果，整体形态多表现为块面状，平面、规整几何体为主，同时也包含了凹凸、三维等形态变化。

构造形态是单体材料在组合拼装时节点所具有的外观效果，在室内空间中为了追求精致典雅的效果，常常将构造形态隐藏起来，但在建构思想之下，也把构造作为表现内容，同样具有审美情趣。

装饰形态是指材料通过表面加工工艺、装饰手法在二维或三维空间中展现出的外观特征，如木材的雕刻、镶嵌、镂空等装饰手法。

（4）材料的组织规则

组织规则指材料之间的相互关系及组合方式，是材料组织的框架，各种材料按一定的方式、秩序、原则结合在一起，相互配合，完成空间氛围的营造，是空间规划的编组基因。

组织规则包含了材料使用过程中涉及的美学规律、聚散状态、结构关系等方面的规则和秩序（表3-2）。

首先材料组织要遵循一定的形式美学规律，注重统一与变化、和谐与对比、节奏与韵律、对称与均衡、比例与尺度、虚实结合等，要以整体性为基本原则，讲求主体突出、主次分明，避免视觉上的混乱。

材料组织规则不单从美学角度考虑，更要满足材料的结构性能，充分考虑材料的物理及力学性能、结合方式、构造合理性、施工工艺与技术等因素。材料可以采用砌筑、堆叠、支撑、牵拉、搭接、悬挂、贴面、平铺、榫卯、捆绑、钉接、胶结、交错、扭转等结构组织方式。

材料的组织规则 表3-2

| 类别 | 涵盖内容 |
| --- | --- |
| 美学规律 | 节奏、韵律、对比、统一、尺度、比例、对称、均衡等 |
| 聚散状态 | 相邻、交接、渗透、分离、叠落、融合、图底、整体等 |
| 结构关系 | 砌筑、堆叠、支撑、牵拉、搭接、悬挂、贴面、平铺、榫卯、捆绑、钉接、胶结、交错、扭转 |

（5）材料的表面处理

表面处理包含了材料加工精度、平整度、加工方式、装饰手法等内容。

加工精度是指材料加工完成后，其尺寸及几何形状等参数的实际数值和它的理想数值相符合的程度，符合程度越高，加工精度就越高。加工精度主要包括三个方面的内容：表面的尺寸精度、几何形状精度及各个表面之间的位置精度。

平整度指材料在加工处理的过程中，受到工艺和技术等影响，会在表面留下加工痕迹，造成材料表面不会绝对平整，不平处与绝对水平之间的差值，就是平整度。室内材料中的平整度问题，除材料自身的平整度外，材料安装过程中产生的平整度变化对空间环境质量影响也非常大。

材料采取不同的加工处理方式会呈现不同的表面属性，如混凝土表面常采用拉毛、划痕、清水混凝土等处理，金属表面可以采用电解着色、装饰电镀及表面蚀刻等处理手法。

装饰处理是在材料表面通过多种艺术手法进行美化，如室内空间通常采用油漆、雕刻、镶嵌、贴面、染色、彩绘等方法处理材料表面。

（6）材料的技术性

材料的技术性体现在新型材料、加工制备工艺、表面工艺、施工技术等方面。

新型材料以高新技术、前沿技术为依托，如纳米材料在涂料、纺织等领域的使用，界面不易沾染灰尘并具有自洁作用，新型纳米结构的玻璃、塑料和橡胶制品、胶粘剂、密封胶等制品的性能都得到显著提高[1]。

材料的制备、加工成型、表面处理等技术，使材料在外观、理化性能、力学性能等多方面得到改进和提升。材料建造与施工过程中表现出的精度、难度上的技术性，具有很强的表现力。新型建造和施工技术，特别是数字化设计与建造，软件中的虚

[1] 魏智强. 纳米技术在建筑材料中的发展与应用 [J]. 中国粉体技术, 2005, 11（1）.

拟模型可以和数控技术衔接，实现构件的精确生产和建造，为参数化设计、非线性设计提供技术和材料支持。3D打印技术结合新型混凝土、树脂类材料，在建筑与室内装饰、家具产品、公共艺术等众多领域都得到了初步应用，发展空间和潜力巨大。

密斯1950年在伊利诺伊理工学院的演讲中提到，"技术远非只是一种方法，它是一个自为一体的世界。如果它是一种方法，那么它就是其他任何方法都无法比拟的。但是，只有在大型工程结构中发挥作用，技术的本质才能够得以揭示。很显然，技术不仅是有用的工具，而且也是充满意义和力量的形式。它是如此充满力量，一直任何语言的形容都无能为力……技术一旦充分实现自己，就转化为建筑。"

（7）材料的功能性

材料的功能性有热力学性质、声学性质、光学性质、防水防潮性。

材料热力学性质包括材料的保暖、隔热、储热、散热等性能；声学性能主要指材料的隔声、吸声、反射等声学方面的性质；光学性能主要指材料的遮光、透光、反射、折射等性质；防水性、防潮性主要是指在潮湿环境及其他高湿度环境下，材料对水、湿气的隔离作用。

（8）材料的安全性

安全性包括材料自身的坚固性、防火性、阻燃性、安装及结合牢固性、抗破坏性等内容。

材料坚固性以及安装结合的牢固性是安全性的基础保证。建筑及室内装饰中常用的玻璃、石材、瓷砖都是易碎的，需要在运输、安装以及使用维护中格外注意，材料碎裂后会产生锋利的边角，从而产生安全隐患。

防火性与阻燃性是防范火灾的重要指标，国家防火标准综合考虑了燃烧的热值、火灾发展速率、烟气产生率、燃烧产物毒性等燃烧特性要素。阻燃性是指"降低材料的可燃性，减慢火焰蔓延速度，终止或防止有焰燃烧"[1]的性能，这对于建筑防火至关重要。室内材料中大部分材料是可燃的，而且像织物、塑料、木材等都是易燃的，能够有效提高材料的阻燃性是非常重要的安全手段。

材料的抗破坏性主要指应对外力的作用，对材料的表面及内部不产生或者减弱损伤、断裂等伤害，与材料的力学性能息息相关。

（9）材料的耐久性

材料的耐久性包括耐磨性、防腐性、抗老化性、变色性等问题。

耐磨性是指表面对外界摩擦作用的抵抗能力，是表面硬度、附着力和内聚力综合效应的体现，对于木质地板、瓷砖等材料，耐磨性是重要的质量指标。

材料防腐性指材料对抗周围介质腐蚀破坏作用的能力，包括木材、皮革等有机材料的防腐败性，以及金属、玻璃等无机材料的耐腐蚀性。

材料老化是材料在自然环境及使用状态下，受内外因素的综合作用，使用性能逐步减弱，并丧失使用价值的过程。抗老化性指材料对抗这种自然老化过程的能力，实验证实，材料在光照、高温和潮湿的环境下，老化过程会加速。另外，老化是材料表达时间向度上变化的重要因素，经过时间与岁月的历练，材料的老化、风化可以形成独特的魅力。

变色是材料老化的一个表征，材料表面的色泽会随着老化而逐渐褪色暗淡。木材作为室内最常用的材料，会发生化学变色、真菌霉变，木材中的单宁、色素、生物碱、糖类、酚类及其他有机物的氧化缩合反应，会导致化学变色，化学变色深度浅，变色比较均匀。在温暖和潮湿的气候下，或通风不良的环境中，木材表面的霉菌繁殖会使木材发生变色。发霉常使木材呈绿色、白色、黑色，偶尔也呈其他颜色，霉菌造成的变色常

[1] 段宝荣,王全,马先宝等.皮革阻燃技术研究进展[J].西部皮革，2008，30（6）:10.

呈絮状或斑点状，变色范围较浅，可用刷子清除，或者刨掉表面清除。

（10）材料的环保性

环保性涉及材料有害物质含量、有害物质释放时间、垃圾处理方式以及能否自然降解、回收利用率等问题。

大众选择材料时最关注材料是自然材料还是人工材料、材料制作与安装过程中是否用胶及用胶量。一般情况下，自然材料肯定比人工合成材料更加环保可靠，这也是实木地板、实木家具受到热捧的关键。装饰材料中大都含有一些有害物质，即使自然材料也不例外，但只要控制在对人体不产生危害的标准内即可；同时，有害物质的挥发和释放时间也各有不同，如一些涂料中的有害物质在初期会得到集中释放，后期则基本无害。

材料废弃过程，大众会关注到回收利用率、能否自然降解、垃圾处理方式等问题，说明大众的环境保护意识逐步增强，不但考虑到自己的居家环保问题，还非常重视对于自然环境的保护。

（11）材料的经济性

材料的经济因素包括材料的价格、寿命、施工成本、维护保养成本、回收成本等。

室内装修中，材料价格、施工成本是一次性投入的初始成本。在市场中，天然材料还是人工材料、手工制作还是机器加工这两个因素对价格具有直接的影响，大众普遍认为自然材料、手工制作会具有较高的价格。寿命、维护保养是材料有效使用周期内的经济性因素，另外，材料的回收成本对于材料是否能够有效回收并得到循环利用具有重要作用。

（12）材料的社会性

材料的社会性包含材料的文化艺术价值、情感特征、等级特征、伦理价值等内容。

材料的文化艺术价值主要指材料带给人的文化、美学、风格、地域等体验与感受。材料的情感特征既包括了材料物理层面的冷热、轻重、糙滑等感受，也包括对材料综合判断而产生的愉悦、反感、轻松、沉重等心理层面的感受。材料的等级特征主要体现在材料档次、稀有性、地位身份等价值层次上。比如材料的档次，体现为材料的高、中、低档、经济性等内容；地位身份象征是材料暗含的或者使人联想到的社会地位、阶层、身份等关系，如紫檀、红木等珍贵的硬木材料，在家具、装饰装修中属于顶级的材料，一些优质的精美石材也是稀缺材料，这些材料都具有一定的地位和身份象征性。

在材料的伦理价值方面，对材料本性和真实性的判断便是重要的内容。约翰·拉斯金最早提出了材料使用的价值评判问题，提出"真实地使用材料"这一观点，"在材料和结构构成两方面对建筑真实性的表达"[1]。斯特雷特关于实体建造与层叠建造的论述，同样带来了价值判断问题，实体建造的墙体表层与内部是由同一种材料建造而成，表达了一种真实的建造和表现。层叠建造中，表层与内部的材料会有所区别，内部材料以及真实的建造过程被表层贴面所隐藏，被视为一种不诚实的建造体现。在评判建筑真实性问题时，这成为一个重要的讨论议题。目前，材料的伦理价值讨论还包括材料是否具有绿色、节能、环保等生态价值。

（13）材料的物理与力学性能

材料的物理性质包括密度、表观密度、密实度、孔隙率、空隙率等内容，力学性质包括强度、弹性和塑性、脆性和韧性、硬度和耐磨性等内容。

本研究主要讨论材料在空间中的表达问题。材料的物理性质对材料肌理和质感也具有直接影响，材料表面的密实程度、孔隙率等，会对表面属性造成影响。材料的力学性质是决定材料尺寸、造型、结构的直接因素，对材料的结构呈现有着重要作用。

[1] 卫大可，刘德明，郭春燕. 建筑形态的结构逻辑 [M]. 北京：中国建筑工业出版社，2013：3.

（14）材料结构性能

结构性能主要体现在材料的结构关系和结构表现力上，具有结构清晰、结构感强、构造精美、力学关系明确等特点，与结构形式、节点构造、力学关系、结构表现关系等内容相关。

结构形式指空间的整体结构，"结构是哲学性的，结构是一个整体，从上到下，直至最后一个细节都贯穿着同样的观念。这就是结构"。建筑空间结构"按材料可以分为混凝土结构、砌体结构（砖砌体、石砌体、小型砌块、大型砌块、多孔砖砌体）、钢结构、木结构等；按承重结构类型可以分为砖混结构、框架结构、剪力墙结构、框架-剪力墙结构、筒体结构、桁架结构、拱形结构、网架结构、空间薄壁结构、悬索结构、薄膜结构等；按结构的受力特点分为平面结构体系、空间结构体系"[1]。

[1] 叶天泉，刘莹，郭勇．房地产经济辞典 [M]．沈阳：辽宁科学技术出版社，2005：10．

节点是空间中材料的细部构造，表达了材料的交合、连接以及细部形式，突出表现在构架体系之中，中国传统木结构建筑、现代钢结构建筑是最为突出的代表。另外，在大型公共建筑中，桁架结构、网架结构、悬索结构等结构形式对节点构造要求也非常高，也常作为空间表现的重要内容。

力学关系是指构件所展现出的力的支撑、传递、强度等关系，是对材料力学性质的呈现，包含强度、弹性和塑性、脆性和韧性、硬度等内容，在空间中主要表现为受压、受拉等力学关系。

结构表现关系是指材料的节点以及结构形态在空间中是否得到清晰的表现，是被隐藏或者展露、是加强还是削弱等表现关系。比如，我国传统建筑中的斗栱是对结构关系的展露和强调，屋顶的梁架采用露明是一种表现性策略，采用顶棚遮蔽是一种隐藏。

并不是所有的空间都会表露出力学关系和结构关系，事实上以钢筋混凝土为主要结构的室内空间中，大量的力学和结构关系被遮蔽起来，在钢结构、木结构等空间中，力学和结构关系的表露常作为表现内容。

（15）材料的知觉性能

材料的知觉性主要指人的感官对空间材料的知觉体验，包括视觉、触觉、嗅觉、听觉和味觉。

人对外部环境的认知有 80% 左右的信息通过视觉来完成，对材料的辨识与体验主要依靠视觉。

触觉包括皮肤与物体之间的触碰、滑动、压觉等刺激，人的皮肤能够感受触觉、痛觉、冷觉、温觉、压觉及痒觉六种基本感觉。触觉是建立环境体验、物质认知的重要途径，只有视觉而不进行触觉感知，人们无法对材料及环境建立真实的体验和情感认知，比如，面对水立方场馆的晶莹剔透的 ETFE 膜立面，虽然在视觉上会唤起很多触觉联想，但不去真正触摸或者以前没有接触过这种材料，则无法建立真实的体验。对材料的认知过程潜移默化地存在于人们的成长和生活之中，一如婴幼儿将各种物体放入嘴巴中进行探知，这是人类探索世界、建立个人知觉系统的过程。

另外，我们很多情况下可以通过视觉直接感受到材料的触觉感受。触觉是各种感觉的基础，触觉的很多内容可以转化为视觉感受，称为"肤视一体化"现象。人看到物体后，会联想到以前的触觉经历或者相似物体的触觉感受，从而不用接触物体而直接产生触觉感受，这大大简化、方便了人们对环境的体验认知。

室内的嗅觉体验主要体现在材料是否存在异味、是否存在有害物质的释放、是否有可识别性香气等方面；材料的听觉体验主要表现在空间环境的声学控制上；室内材料的味觉体验较少涉及。

（16）材料的理论认识

在漫长的历史发展过程中，人们积累了丰富的材料经验，产生了一些重要的理论思考与观点，成为讨论材料问题的主要语境，包括本性与真实性、面饰、表皮、材料与装饰、结构理性、建构、物质与非物质性、核心形式与艺术形式、结构与装饰、本体与再现、层叠建造与实体建造等，了解这些材料的理论语境有助于全面认识和感知材料。

# 第四章

## 室内空间材料认知因子研究

通过空间材料认知程度的调查，探讨人们对材料的认知状况以及选择依据，并考察两个群体——设计师与普通消费者对此问题的认知差异。设计师具有专业的知识背景，其认知在感性的基础上结合了专业性的理性认知，一定程度上可以理解为设计师对材料问题的认知更偏向理性。普通消费者则以感性的生活经验认知为主，但鉴于室内设计、室内装饰与生活息息相关，而且相关知识得到广泛传播，所以普通消费者在感性认知经验积累的基础上，也具有一定程度的理性认知，但总体上更偏向于感性。这种认知的总体概况和差异可以用图4-1来表示。

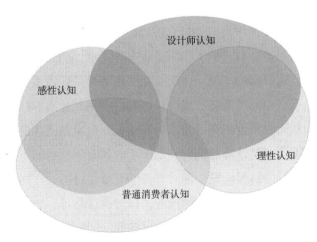

图4-1 材料认知差异示意图

　　针对两个群体在空间材料问题的感性和理性认知问题上进行调查分析，个体对材料的认知过程如图 4-2 所示，在感性和理性的认知过程中，主体的感官经验和理解深度对于认知判断具有决定性作用。探讨两者之间对材料问题的认知异同，发现两者之间的重合与交集部分，促成更多共识，找出两者的认知差异，寻求解决与弥合之道，这将有助了解消费者的诉求，为设计师工作提供参考依据，对材料的选择与使用能够有的放矢，有效提高需求契合度，确保设计过程的顺利进行，从而弥合设计师与消费者之间在这个问题上的认知差异。

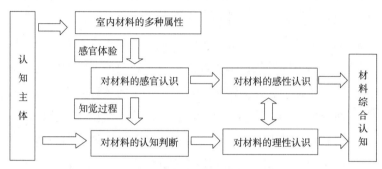

图 4-2　材料问题的认知过程示意图

　　同时，设计作为一种具有创新性、引领性的服务行为，设计师不但要通过自己的工作满足现有的需求，而且还要创造新的需求、引领新的潮流。普通受众的理解只是凭借生活感知而来，是否全面值得商榷。而设计师能够利用专业素养结合生活体验，从而在结合消费者需求的基础上，提出创造性的解决方案。所以，对设计师的调研有助于了解其对于材料的观点，全面掌握现有的材料问题。同时，能够有效促进两者之间的相互沟通，借助专业知识说服消费者，提升设计品位、总体认知水平以及设计接受度；此外，专业知识的普及，更是解决设计问题，应对社会关注的重要方法之一。

为了解消费者在室内设计与装修时材料择用的关注因素及认知程度，采用前述章节中归纳的 16 个材料因素展开调研实验，对室内材料的认知因子进行分析，并比较不同特征人群的认知差异。

## 4.1 实验设计与过程

### 4.1.1 调查实验架构

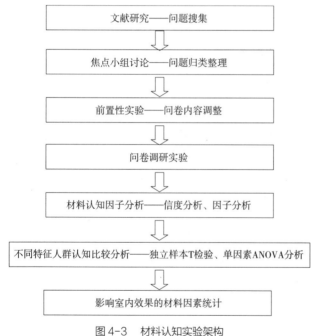

图 4-3 材料认知实验架构

### 4.1.2 问卷内容的选取

问题的搜集与归纳环节在第三章中已经完成，整理出 16 个因素作为问卷调研内容。

在正式调查之前，首先进行小范围的前置性测试，以便发现问卷设计、调研内容的问题与不足。前置性测试人员 6 名，运用里克特量表，将对材料问题的关注程度分为 1 ~ 5 共 5 个等级，要求被试者根据自身理解进行区分。

根据预实验过程中遇到的问题，结合数据结构，以及测试人员的访谈，确认理论认识、物理与力学性能两个内容过于专业，对调研过程存在较大的影响；表面处理产生的效果直接体现在材料的表面属性方面，而且在技术性因素里面也包含了材料表面处理工艺的内容，综合考虑后将这三个内容取消。

最终将调研内容确定为 13 个，分别为表面属性、材料搭配、外观形态、组织规则、技术性、功能性、安全性、耐久性、环保性、经济性、社会性、结构性能、知觉性能。

### 4.1.3 调查方式

（1）问卷运用里克特量表，从 1 ~ 5 将关注程度分为 5 个等级。

（2）让受测者根据自身的认知程度，对相关问题的等级进行勾选。

（3）调查对象包括师生 30 名，当地室内设计从业人员 20 名，委托设计公司对客户进行调查 62 名，随机街访人员 26 人；采用"问卷星"网络调查 111 人，其中有效问卷 98 份。共回收有效问卷 236 份，由于参与网络调查的样本多集中在 20 ~ 35 岁区间的本科生、研究生等群体，所以在"问卷星"网络调查中仅选取 40 份问卷用于统计。最终用于数据分析的共计 178 份问卷。

（4）调查工具与手段方面，通过现场讨论、QQ、微信、问卷星网站、街访等方式进行问卷调查。对教师和学生采用现场会议调研的方式，时间大概 10 分钟。对设计人员的调查主要采用 QQ、微信等平台，将问卷发给受访者，填写结束后，再发送回来，这一方式具有方便快捷、时间有弹性、容易进行回访等优点。问卷星网站、街访均为随机抽样调查。

## 4.1.4　问卷设计

问卷内容分为两个部分：

第一部分是对室内材料择用的关注因素进行调查。要求受测者对 13 个材料因素的关注程度进行 5 阶量表的打分，并在 13 个调研内容中选取 5 个最能影响室内空间效果的因素。

第二部分是受访人属性，主要包括性别、年龄、教育程度、收入、设计背景等状况。

问卷见附录 1。

# 4.2　数据分析与讨论

对数据整理汇总，运用 Excell、Spss 软件进行统计分析，包括信度分析、因子分析、独立样本 T 检验、单因素 ANOVA 分析等内容。

## 4.2.1　调查对象统计

调查对象的情况汇总如表 4-1。

调查对象的情况汇总　　　　　　　　表 4-1

| 个人背景选项 | | 频率 | 百分比 | 累积百分比 |
|---|---|---|---|---|
| 性别 | 男 | 74 | 41.57% | 41.57% |
| | 女 | 104 | 58.43% | 100.00% |
| 年龄 | 20 岁以下 | 19 | 10.67% | 10.67% |
| | 20 ~ 30 岁 | 53 | 29.78% | 40.45% |
| | 31 ~ 40 岁 | 39 | 21.91% | 62.36% |
| | 41 ~ 50 岁 | 49 | 27.53% | 89.89% |
| | 50 岁以上 | 18 | 10.11% | 100.00% |
| 教育程度 | 初中及以下 | 20 | 11.24% | 11.24% |
| | 高中 | 39 | 21.91% | 33.15% |
| | 大学（本、专） | 96 | 53.93% | 87.08% |
| | 硕士及以上 | 23 | 12.92% | 100.00% |

| 个人背景选项 | | 频率 | 百分比 | 累积百分比 |
|---|---|---|---|---|
| 年收入 | 6 万以下 | 61 | 34.27% | 34.27% |
| | 6 万 ~ 10 万 | 51 | 28.65% | 62.92% |
| | 10 万 ~ 15 万 | 47 | 26.40% | 89.33% |
| | 15 万以上 | 19 | 10.67% | 100.00% |
| 设计背景 | 有 | 66 | 37.08% | 37.08% |
| | 无 | 112 | 62.92% | 100.00% |

## 4.2.2 数据可信度检验

为确保分析结果的可靠性和准确性，对问卷数据进行信度分析。

信度分析采用 Cronbach's Alpha 系数，经分析，该信度系数值为 0.876，数值大于 0.8，那么，可以认为该调研数据的可信程度较高。利用 Spss 软件进行的可靠性分析见表 4-2。

| 可靠性统计量 | | 表 4-2 |
|---|---|---|
| Cronbach's Alpha | 基于标准化项的 Cronbachs Alpha | 项数 |
| 0.876 | 0.877 | 13 |

## 4.2.3 材料认知因子提取

为了对问题进行全面了解和认识，问卷设定的内容较多，从而增加了后续分析的复杂性，变量之间也可能存在一定的相关性。为了减少数据之间的相关性与重叠性，采用因子分析进行降维。

因子分析可以研究变量之间的内部关系，探求数据中的基本结构，并采用几个综合变量来概括，从而简化观测系统。因子分析采用少数几个因子来描述多个变量之间的联系，把相互之间关系较为密切的变量归结到同一个类别，每一个类别成为一个因子，从而将繁杂的变量综合为少数几个核心因子。

在进行因子分析之前，首先进行效度分析，检验样本是否适合作因子分析。效度分析采用 KMO 和 Bartlett 检验，由表 4-3 可知，KMO 检验值为 0.876，说明效度较好，该数据适合作因子分析。

| KMO 和 Bartlett 检验 | | 表 4-3 |
| --- | --- | --- |
| 取样足够度的 Kaiser-Meyer-Olkin 度量 | | 0.876 |
| Bartlett 的球形度检验 | 近似卡方 | 793.266 |
| | df | 78 |
| | Sig. | 0.000 |

对数据进行主成分分析，得到特征值大于 1 的因子共 5 个，累计贡献率达到 73.95%，数据分析结果见表 4-4。

表 4-5 为因子分析结果的旋转成分矩阵。通过因子分析，将 13 个材料认知变量归纳成 5 个因子，分别为装饰认知因子、健康认知因子、效能认知因子、价值认知因子、经济认知因子，每个因子支配 2 ～ 4 个变量。具体的分析结果汇总如表 4-6 所示。

解释的总方差　　　　　　　　　　　　　表 4-4

| 成分 | 初始特征值 | | | 提取平方和载入 | | | 旋转平方和载入 | | |
| --- | --- | --- | --- | --- | --- | --- | --- | --- | --- |
| | 合计 | 方差的 % | 累积 % | 合计 | 方差的 % | 累积 % | 合计 | 方差的 % | 累积 % |
| 1 | 3.906 | 30.046 | 30.046 | 3.906 | 30.046 | 30.046 | 3.906 | 30.046 | 30.046 |
| 2 | 1.917 | 14.746 | 44.792 | 1.917 | 14.746 | 44.792 | 1.917 | 14.746 | 44.792 |
| 3 | 1.554 | 11.954 | 56.746 | 1.554 | 11.954 | 56.746 | 1.554 | 11.954 | 56.746 |
| 4 | 1.220 | 9.385 | 66.131 | 1.220 | 9.385 | 66.131 | 1.220 | 9.385 | 66.131 |
| 5 | 1.016 | 7.815 | 73.946 | 1.016 | 7.815 | 73.946 | 1.016 | 7.815 | 73.946 |
| 6 | 0.817 | 6.287 | 80.233 | | | | | | |
| 7 | 0.725 | 5.574 | 85.807 | | | | | | |
| 8 | 0.583 | 4.481 | 90.288 | | | | | | |
| 9 | 0.454 | 3.495 | 93.783 | | | | | | |
| 10 | 0.299 | 2.301 | 96.084 | | | | | | |
| 11 | 0.216 | 1.659 | 97.743 | | | | | | |
| 12 | 0.162 | 1.244 | 98.987 | | | | | | |
| 13 | 0.132 | 1.013 | 100.000 | | | | | | |

旋转成分矩阵 a　　　　　　　　　　表 4-5

| | 成分 | | | | |
|---|---|---|---|---|---|
| | 1 | 2 | 3 | 4 | 5 |
| 表面属性 | 0.806 | 0.025 | 0.275 | 0.081 | 0.047 |
| 材料搭配 | 0.691 | 0.385 | 0.016 | 0.068 | -0.207 |
| 外观形态 | 0.572 | 0.414 | 0.057 | 0.143 | 0.320 |
| 组织规则 | 0.509 | 0.291 | 0.181 | 0.374 | 0.170 |
| 环保性 | 0.143 | 0.800 | 0.155 | 0.140 | 0.170 |
| 安全性 | 0.472 | 0.570 | 0.368 | 0.135 | -0.108 |
| 结构性能 | 0.280 | 0.234 | 0.767 | 0.012 | 0.125 |
| 功能性 | 0.003 | 0.019 | 0.727 | 0.369 | 0.172 |
| 技术性 | 0.284 | 0.468 | 0.547 | 0.066 | 0.111 |
| 知觉性能 | 0.131 | 0.128 | 0.208 | 0.869 | -0.029 |
| 社会性 | 0.142 | 0.093 | 0.043 | 0.653 | 0.478 |
| 经济性 | 0.101 | 0.406 | 0.207 | 0.066 | 0.796 |
| 耐久性 | 0.495 | -0.201 | 0.212 | 0.195 | 0.633 |

提取方法：主成分。
旋转法：具有 Kaiser 标准化的正交旋转法。
a. 旋转在 7 次迭代后收敛。

因子分析结果　　　　　　　　　　表 4-6

| 因子名称 | 变量名称 | 因素负荷量 | 特征值 | 解释方差量 | 累计解释方差量 |
|---|---|---|---|---|---|
| 装饰认知因子 | 表面属性<br>材料搭配<br>外观形态<br>组织规则 | 0.806<br>0.691<br>0.572<br>0.509 | 3.906 | 30.046% | 30.046% |
| 健康认知因子 | 环保性<br>安全性 | 0.800<br>0.570 | 1.917 | 14.746% | 44.792% |
| 效能认知因子 | 结构性能<br>功能性<br>技术性 | 0.767<br>0.727<br>0.547 | 1.554 | 11.954% | 56.746% |
| 价值认知因子 | 知觉性能<br>社会性 | 0.869<br>0.653 | 1.220 | 9.385% | 66.131% |
| 经济认知因子 | 经济性<br>耐久性 | 0.796<br>0.633 | 1.016 | 7.815% | 73.946% |

第一个因子由室内材料的表面属性、材料搭配、外观形态、组织规则四个变量构成，其因素负荷量在 0.509 ~ 0.806 之间，特征值为 3.906，解释的总方差为 30.046%。根据这些变量的主要含义，将第一个因子命名为"装饰认知因子"，表述了对室内材料装饰性能的关注。

第二个因子由室内材料的环保性、安全性两个变量构成，其因素负荷量在 0.570 ~ 0.800 之间，特征值为 1.917，解释的总方差为 14.746%。根据变量的主要含义，将其命名为"健康认知因子"。

第三个因子由室内材料的结构性能、功能性、技术性三个变量构成，其因素负荷量在 0.547 ~ 0.767 之间，特征值为 1.554，解释的总方差为 11.954%。根据这些变量的主要含义，将其命名为"效能认知因子"。

第四个因子由室内材料的知觉性能、社会性两个变量构成，其因素负荷量在 0.653 ~ 0.869 之间，特征值为 1.220，解释的总方差为 9.385%。知觉性能侧重于材料的感官与心理认识，社会性主要关注材料的社会价值，将其命名为"价值认知因子"，表述了对室内材料感官价值和社会价值的关注。

第五个因子由室内材料的经济性、耐久性两个变量构成，其因素负荷量在 0.633 ~ 0.796 之间，特征值为 1.016，解释的总方差为 7.815%。根据变量的主要含义，将其命名为"经济认知因子"。

通过因子分析，将原来的 13 个变量综合为 5 个新的变量。

从因子分析的结果来看，人们对材料最为关注的仍然是装饰性。装饰性的好坏对材料择用具有重要影响，这与人们对室内设计的社会认知状况相符，也反映了人们对室内设计的基本诉求就是提升室内效果。表面属性、材料搭配、外观形态、组织规则是获得空间效果最主要和最直接的四个材料因素，其中，材料的表面属性最为重要，是材料表现的基础和内在因素，材料搭配、外观形态、组织规则是材料表现的重要手段。

健康认知因子是人们关注的第二大因素，这与绪论中提及的社会背景相符合，室内环境污染问题的普遍性和严重性，使人们非常重视材料的环保性和安全性。

与效能相关的结构性能、功能性、技术性三个问题越来越受到重视，当代室内空间设计中，材料在技术、功能上的创新，可以满足人们更多的空间需求，同时，结构创新和技术应用带来更加丰富的空间表现效果。

### 4.2.4  不同特征群体的认知差异分析

为了解不同特征群体的受测者在材料认知上的差异，对不同性别、年龄、教育程度、收入、设计背景等组别，进行 $t$ 检验或单因素 ANOVA 分析。

（1）不同性别在材料认知上的差异

采用独立样本 $t$ 检验进行分析，结果显示（表4-7），各个因子的 $t$ 检验结果均未达到显著差异水平（$P > 0.05$），说明性别区分在材料各个认知因子上没有显著差异。

不同性别 $t$ 检验结果　　　　　　　　　　表 4-7

| 检验变量 | 性别 | $N$ | 均值 | 标准差 | $t$ 值 |
|---|---|---|---|---|---|
| 装饰认知因子 | 男 | 74 | −0.073 | 1.137 | −0.852 |
| | 女 | 104 | 0.061 | 0.877 | |
| 健康认知因子 | 男 | 74 | 0.068 | 1.041 | 0.557 |
| | 女 | 104 | −0.017 | 0.967 | |
| 效能认知因子 | 男 | 74 | −0.106 | 1.142 | −1.368 |
| | 女 | 104 | 0.111 | 0.886 | |
| 价值认知因子 | 男 | 74 | 0.022 | 1.030 | 0.398 |
| | 女 | 104 | −0.040 | 1.013 | |
| 经济认知因子 | 男 | 74 | −0.110 | 0.939 | −1.269 |
| | 女 | 104 | 0.082 | 1.027 | |

（2）不同年龄在材料认知上的差异

采用单因素 ANOVA 进行分析，结果显示（表4-8），不同年龄的人群在健康认知因子上存在显著差异（$F=2.469$，$P=0.047<0.05$），在其他认知因子上没有显著差异。

不同年龄的单因素方差分析结果　　　　　　　　　　表 4-8

| 检验变量 | 年龄 | $N$ | 均值 | 标准差 | 变异来源 | 平方和 | d$f$ | 均方 | $F$ | 比较 LSD |
|---|---|---|---|---|---|---|---|---|---|---|
| 装饰认知因子 | ① 20 岁以下 | 19 | 0.120 | 0.965 | 组间 | 3.828 | 4 | 0.957 | 0.971 | |
| | ② 20 ~ 30 岁 | 53 | 0.066 | 0.882 | 组内 | 170.585 | 173 | 0.986 | | |
| | ③ 31 ~ 40 岁 | 39 | −0.038 | 1.059 | 总数 | 174.413 | 177 | | | |
| | ④ 41 ~ 50 岁 | 49 | 0.081 | 1.022 | | | | | | |
| | ⑤ 50 岁以上 | 18 | −0.405 | 1.101 | | | | | | |
| 健康认知因子 | ① 20 岁以下 | 19 | −0.238 | 1.094 | 组间 | 9.491 | 4 | 2.373 | 2.469* | ②＞③ |
| | ② 20 ~ 30 岁 | 53 | 0.311 | 0.968 | 组内 | 166.227 | 173 | 0.961 | | ②＞① |
| | ③ 31 ~ 40 岁 | 39 | −0.245 | 0.866 | 总数 | 175.717 | 177 | | | |
| | ④ 41 ~ 50 岁 | 49 | −0.063 | 0.997 | | | | | | |
| | ⑤ 50 岁以上 | 18 | 0.216 | 1.077 | | | | | | |
| 效能认知因子 | ① 20 岁以下 | 19 | 0.127 | 0.918 | 组间 | 4.685 | 4 | 1.171 | 1.168 | |
| | ② 20 ~ 30 岁 | 53 | −0.178 | 1.044 | 组内 | 173.440 | 173 | 1.003 | | |
| | ③ 31 ~ 40 岁 | 39 | 0.142 | 0.902 | 总数 | 178.125 | 177 | | | |
| | ④ 41 ~ 50 岁 | 49 | 0.171 | 1.030 | | | | | | |
| | ⑤ 50 岁以上 | 18 | −0.176 | 1.080 | | | | | | |
| 价值认知因子 | ① 20 岁以下 | 19 | 0.078 | 0.951 | 组间 | 5.565 | 4 | 1.391 | 1.354 | ③＞④ |
| | ② 20 ~ 30 岁 | 53 | −0.047 | 1.067 | 组内 | 177.792 | 173 | 1.028 | | |
| | ③ 31 ~ 40 岁 | 39 | 0.236 | 0.928 | 总数 | 183.357 | 177 | | | |
| | ④ 41 ~ 50 岁 | 49 | −0.251 | 1.044 | | | | | | |
| | ⑤ 50 岁以上 | 18 | 0.083 | 1.005 | | | | | | |
| 经济认知因子 | ① 20 岁以下 | 19 | 0.156 | 0.867 | 组间 | 0.736 | 4 | 0.184 | 0.183 | |
| | ② 20 ~ 30 岁 | 53 | −0.067 | 1.081 | 组内 | 173.845 | 173 | 1.005 | | |
| | ③ 31 ~ 40 岁 | 39 | 0.031 | 0.874 | 总数 | 174.581 | 177 | | | |
| | ④ 41 ~ 50 岁 | 49 | −0.007 | 0.918 | | | | | | |
| | ⑤ 50 岁以上 | 18 | 0.004 | 1.330 | | | | | | |

通过 LSD 法进行比较，第二组在健康认知因子上要显著高于第三组（$P=0.008$）和第一组（$P=0.038$）。

通过均值数据可以看出，在健康认知因子上，第二组（20 ~ 30 岁）最为重视，第三组（31 ~ 40 岁）和第一组（20 岁以下）的测试值较低。通过相关群组的回访，第二组（20 ~ 30 岁）重视健康认知因子主要是由于生育因素，多数受访者计划或者已经在 30 岁之前完成头胎生育，这一状况在受访地区较为普遍，对材料的健康要求较高。

在健康认知因子上，第五组的均值也非常高，这一组别的年龄为 50 岁以上，说明中老年人对健康较为重视，这与社会普遍现象相吻合。

通过 LSD 法进行比较，第三组在价值认知因子上要显著高于第四组（$P=0.027$）。31 ~ 40 岁这一阶段，年富力强，积累了一定的经验与实力，对生活更富有追求，希望通过室内设计与装修提升社会价值，对材料价值因素最为看重。

（3）不同教育程度在材料认知上的差异

采用单因素 ANOVA 进行分析，结果显示（表 4-9），不同教育程度的人群在材料各个认知因子上没有显著差异。

通过 LSD 法进行比较，第四组在价值认知因子上要显著高于第一组（$P=0.024$）；第一组在经济认知因子上要显著高于第四组（$P=0.030$）。

经回访与分析，教育程度较低的人群，在职业选择、收入层次、生活品质等方面，与教育程度较高的人群相比会普遍稍差一些，反映在价值认知因子方面，教育程度越高，对居住环境的社会性价值要求越高；反映在经济认知因子上，教育程度越低，相对来讲收入越低，经济因素的制约越明显。

（4）不同收入在材料认知上的差异

采用单因素 ANOVA 进行分析，结果显示（表 4-10），不同收入层次在材料各个认知因子上没有显著差异。

**不同教育程度的单因素方差分析结果**　　表 4-9

| 检验变量 | 教育程度 | N | 均值 | 标准差 | 变异来源 | 平方和 | df | 均方 | F | 比较LSD |
|---|---|---|---|---|---|---|---|---|---|---|
| 装饰认知因子 | ①初中及以下 | 20 | −0.085 | 0.861 | 组间 | 3.980 | 3 | 1.327 | 1.355 | |
| | ②高中 | 39 | −0.129 | 1.101 | 组内 | 170.433 | 174 | 0.980 | | |
| | ③大学（专、本） | 96 | 0.138 | 0.912 | 总数 | 174.413 | 177 | | | |
| | ④硕士及以上 | 23 | −0.243 | 1.191 | | | | | | |
| 健康认知因子 | ①初中及以下 | 20 | 0.088 | 1.117 | 组间 | 1.368 | 3 | 0.456 | 0.458 | |
| | ②高中 | 39 | 0.136 | 1.074 | 组内 | 173.213 | 174 | 0.995 | | |
| | ③大学（专、本） | 96 | −0.041 | 0.905 | 总数 | 174.581 | 177 | | | |
| | ④硕士及以上 | 23 | −0.119 | 1.126 | | | | | | |
| 效能认知因子 | ①初中及以下 | 20 | 0.197 | 1.152 | 组间 | 1.742 | 3 | 0.581 | 0.573 | |
| | ②高中 | 39 | 0.037 | 0.890 | 组内 | 176.383 | 174 | 1.014 | | |
| | ③大学（专、本） | 96 | 0.030 | 1.034 | 总数 | 178.125 | 177 | | | |
| | ④硕士及以上 | 23 | −0.198 | 0.943 | | | | | | |
| 价值认知因子 | ①初中及以下 | 20 | −0.497 | 1.356 | 组间 | 5.698 | 3 | 1.899 | 1.860 | ④>① |
| | ②高中 | 39 | −0.044 | 1.101 | 组内 | 177.659 | 174 | 1.021 | | |
| | ③大学（专、本） | 96 | 0.070 | 0.904 | 总数 | 183.357 | 177 | | | |
| | ④硕士及以上 | 23 | 0.104 | 0.928 | | | | | | |
| 经济认知因子 | ①初中及以下 | 20 | 0.358 | 1.009 | 组间 | 6.496 | 3 | 2.165 | 2.226 | ①>④ |
| | ②高中 | 39 | 0.204 | 0.928 | 组内 | 169.222 | 174 | 0.973 | | |
| | ③大学（专、本） | 96 | −0.051 | 1.047 | 总数 | 175.717 | 177 | | | |
| | ④硕士及以上 | 23 | −0.303 | 0.770 | | | | | | |

**不同收入层次的单因素方差分析结果**　　表 4-10

| 检验变量 | 收入 | N | 均值 | 标准差 | 变异来源 | 平方和 | df | 均方 | F | 比较LSD |
|---|---|---|---|---|---|---|---|---|---|---|
| 装饰认知因子 | ①6万以下 | 61 | 0.053 | 0.963 | 组间 | 0.762 | 3 | 0.254 | 0.254 | |
| | ②6万~10万 | 51 | −0.074 | 0.992 | 组内 | 173.651 | 174 | 0.998 | | |
| | ③10万~15万 | 47 | −0.018 | 1.063 | 总数 | 174.413 | 177 | | | |
| | ④15万以上 | 19 | 0.126 | 0.966 | | | | | | |
| 健康认知因子 | ①6万以下 | 61 | 0.153 | 1.048 | 组间 | 4.065 | 3 | 1.355 | 1.374 | |
| | ②6万~10万 | 51 | 0.102 | 0.978 | 组内 | 171.652 | 174 | 0.987 | | |
| | ③10万~15万 | 47 | −0.134 | 1.027 | 总数 | 175.717 | 177 | | | |
| | ④15万以上 | 19 | −0.264 | 0.726 | | | | | | |

| 检验变量 | 收入 | N | 均值 | 标准差 | 变异来源 | 平方和 | df | 均方 | F | 比较LSD |
|---|---|---|---|---|---|---|---|---|---|---|
| 效能认知因子 | ① 6 万以下 | 61 | 0.031 | 0.996 | 组间 | 1.930 | 3 | 0.643 | 0.635 | |
| | ② 6 万 ~ 10 万 | 51 | −0.109 | 1.073 | 组内 | 176.195 | 174 | 1.013 | | |
| | ③ 10 万 ~ 15 万 | 47 | 0.055 | 0.911 | 总数 | 178.125 | 177 | | | |
| | ④ 15 万以上 | 19 | 0.251 | 1.077 | | | | | | |
| 价值认知因子 | ① 6 万以下 | 61 | −0.094 | 1.093 | 组间 | 1.054 | 3 | 0.351 | 0.335 | |
| | ② 6 万 ~ 10 万 | 51 | −0.026 | 1.140 | 组内 | 182.303 | 174 | 1.048 | | |
| | ③ 10 万 ~ 15 万 | 47 | 0.031 | 0.899 | 总数 | 183.357 | 177 | | | |
| | ④ 15 万以上 | 19 | 0.158 | 0.691 | | | | | | |
| 经济认知因子 | ① 6 万以下 | 61 | 0.228 | 0.925 | 组间 | 6.113 | 3 | 2.038 | 2.104 | ① > ② |
| | ② 6 万 ~ 10 万 | 51 | −0.233 | 1.209 | 组内 | 168.469 | 174 | 0.968 | | |
| | ③ 10 万 ~ 15 万 | 47 | −0.051 | 0.856 | 总数 | 174.581 | 177 | | | |
| | ④ 15 万以上 | 19 | 0.040 | 0.758 | | | | | | |

通过 LSD 法进行比较，第一组在经济认知因子上要显著高于第二组（$P=0.014$），反映了年收入在 6 万以下的人群，对装修材料的经济性诉求较高，需要材料具备经济实惠、耐用等性质；这一人群在材料选择中，注重经济因素的同时，关注材料的健康因素，对装饰性、价值性的要求相对较低。另外，通过均值来看，年收入在 15 万以上的人群对经济因子的关注度也较高，经过回访，这一人群较为富裕，对室内装修与材料的档次、价位及其价值有一定的要求。年收入在 6 万以下的人群着重材料经济实惠，年收入在 15 万以上的人群看中的是材料的档次和价值，两者之间一个是低端的需求，一个是高端的需求。

（5）不同设计背景在材料认知上的差异

考察有无设计背景的两组人群对于材料认知的契合情况，探讨两者之间的认知异同，有助于了解消费者诉求，为设计工作提供参考依据，在材料选择与使用上有的放矢，提高需求契合度，弥合设计师与消费者的认知差异。

以"有、无设计背景"分组，进行独立样本 $t$ 检验，设计从业群体为"有设计背景"，普通受众为"无设计背景"，判断两个群体在材料认知上是否具有显著差异。实验数据分析结果见表 4-11。

设计背景 $t$ 检验结果　　　　　　　　表 4-11

|  | 设计背景 | $N$ | 均值 | 标准差 | $t$ 值 |
|---|---|---|---|---|---|
| 装饰认知因子 | 有 | 66 | 0.031 | 0.832 | 0.264 |
|  | 无 | 112 | −0.010 | 1.080 |  |
| 健康认知因子 | 有 | 66 | 0.310 | 0.872 | 3.074** |
|  | 无 | 112 | −0.154 | 1.028 |  |
| 效能认知因子 | 有 | 66 | 0.020 | 1.003 | 0.009 |
|  | 无 | 112 | 0.021 | 1.008 |  |
| 价值认知因子 | 有 | 66 | −0.263 | 1.089 | −2.534* |
|  | 无 | 112 | 0.132 | 0.949 |  |
| 经济认知因子 | 有 | 66 | −0.033 | 1.142 | −0.343 |
|  | 无 | 112 | 0.023 | 0.899 |  |

从检验结果来看，"有、无设计背景"两个群体，在"健康认知因子（ $P=0.002$ ）"、"价值认知因子（ $P=0.012$ ）"两方面具有显著差异。

"有设计背景"的一组对"健康认知因子"更加重视。"健康认知因子"包含了卫生、安全、环保三个内容，是对材料基本要求的重视，反映了设计从业人员对职业责任的重视，形式、外观等内容可以千变万化，但为业主提供一个安全健康的空间最为重要。

"无设计背景"的一组对"价值认知因子"更加重视。"价值认知因子"包含了材料的知觉性能、社会性两个内容。知觉性能主要指向人的视、听、触、味、嗅等感官知觉，说明了大众对材料的认知相对较为感性；社会性主要包含材料的文化艺术价值、情感特征、等级特征等问题，大众对这方面较为看重。这反映了消费者进行室内设计的基本诉求，一是希望具有较好的感官价值，二是希望获得一定的身份象征、艺术价值、文化品位等社会价值认同。对于设计师来讲，获取空间的社会价值认同，不仅仅体现在材料自身的珍贵性和稀缺性等社会价值层面，即便是常规材料，也可以通过丰富多样的材料使用手法来达成，比如精心的材料搭配、构造细节处理等。

### 4.2.5 影响室内空间效果的材料因素分析

问卷调查中，要求受测者根据自身的认知情况，从 13 个材料问题中选出 5 个最能影响室内空间效果的材料因素，如果认为还有其他重要影响因素未列入，可以在问卷中相应位置添加。

经统计，排序依次为表面属性、材料搭配、外观形态、结构性能、组织规则、技术性、知觉性、社会性、功能性、经济性、耐久性、环保性、安全性（表 4-12）。其中对室内空间效果影响较大的材料因素为表面属性、材料搭配、外观形态、结构性能、组织规则、技术性六个因素，占总票数的 75.73%。

**影响室内空间效果的材料因素统计表**　　　　表 4-12

| 序号 | 因素 | 票数 | 百分比 | 累积百分比 |
|:---:|:---:|:---:|:---:|:---:|
| 1 | 表面属性 | 156 | 17.53% | 17.53% |
| 2 | 材料搭配 | 147 | 16.52% | 34.04% |
| 3 | 外观形态 | 120 | 13.48% | 47.53% |
| 4 | 结构性能 | 102 | 11.46% | 58.99% |
| 5 | 组织规则 | 78 | 8.76% | 67.75% |
| 6 | 技术性 | 71 | 7.98% | 75.73% |
| 7 | 知觉性 | 60 | 6.74% | 82.47% |
| 8 | 社会性 | 52 | 5.84% | 88.31% |

| 序号 | 因素 | 票数 | 百分比 | 累积百分比 |
|---|---|---|---|---|
| 9 | 功能性 | 48 | 5.39% | 93.71% |
| 10 | 经济性 | 32 | 3.60% | 97.30% |
| 11 | 耐久性 | 12 | 1.35% | 98.65% |
| 12 | 环保性 | 9 | 1.01% | 99.66% |
| 13 | 安全性 | 3 | 0.34% | 100.00% |

其中，表面属性、材料搭配、外观形态、组织规则四个因素为装饰认知因子，结构性能、技术性属于效能认知因子。材料的装饰认知因子对空间表现具有直接的影响力，结构和技术因素最终也要通过材料的物质表面和形态得以展现。

# 第五章

## 材料表现因素与空间效果满意度分析

材料的 5 个因子——装饰认知因子、健康认知因子、效能认知因子、价值认知因子、经济认知因子，全面涵盖了人们对空间材料的认识和关注度。这些因子对空间环境的整体效果都具有不同程度的、直接或间接的影响，通过对各因子内容的解读，其中装饰认知因子中的表面属性、材料搭配、外观形态、组织规则四个方面最为直接，效能认知因子中的结构性能、技术性对空间效果的影响也较为明显。对比第四章中"影响室内空间效果的材料因素"调查，两者的结果非常一致。

在室内空间中使用任何一种材料，都要经过这六个方面的综合处理，决定了材料以什么样的姿态、外貌和结构呈现在空间之中，直接影响了材料的空间表现效果，将其作为材料表现的六个主要因素。其中，表面属性是材料的物质性本体要素，是材料表现的内在基础；材料搭配、外观形态、组织规则、结构性能以及技术性五个因素，是材料在使用过程中丰富的表现手段与方式，突出了人使用行为的主观能动性，更能影响空间的氛围与品质。

本章将通过实验，运用多元线性回归模型，量化分析材料表现因素对空间效果的影响，为室内设计提供依据。

## 5.1  实验设计与过程

### 5.1.1  实验步骤

本实验主要分为以下六个步骤：

（1）材料表现因素的确定

以材料认识实验结果为基础，综合考虑，设定材料的空间表现因素。

（2）实验样本的选择

广泛收集实验样本，结合实验内容精心筛选，采用焦点小组讨论的方法确定实验样本。

（3）正式实验

选择 120 名被试者，采用里克特量表进行实验，对实验样本的材料表现因素与空间效果进行评量。

（4）样本的空间分布状况分析

对实验数据采用集群分析的方法，对样本的空间分布状况进行分析。

（5）分析材料表现因素对空间效果的影响

通过多元回归分析，建立材料表现因素与空间效果的关系，判定各因素的影响大小，并建立回归模型。

（6）实验验证

选择一定数量的样本进行实验验证，对实验值与回归模型计算值进行配对样本 $t$ 检验，验证模型的准确性。

实验的总体架构如图 5-1 所示。

### 5.1.2  材料表现因素选取

通过前期的材料认知调研，得到影响室内空

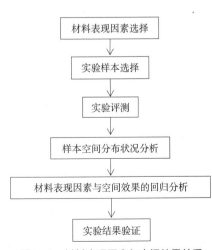

图 5-1  材料表现因素与空间效果关系
实验架构

间效果的六个主要材料因素：表面属性、材料搭配、外观形态、结构性能、组织规则、技术性（表 5-1）。

**材料表现因素及具体考查内容**　　　　　　　　表 5-1

| 材料表现因素 | 具体考察内容 |
| --- | --- |
| 表面属性 | 材料表面的色彩、质地、肌理、光泽、透明度等 |
| 材料搭配 | 在种类、形态、尺度、表面属性等方面的变化与丰富性 |
| 外观形态 | 材料单体的形态 |
| | 材料建造中表现出的细部或结构形态 |
| | 单一或多种材料在空间中展现出的整体形态 |
| | 通过表面加工、装饰手法所展现出的装饰性外观 |
| 结构性能 | 材料的整体组织是否具有明显的结构形式感以及结构表现关系 |
| | 材料使用中表现出的力学关系是否明晰 |
| | 节点构造是否清晰 |
| 组织规则 | 材料组织中具有的节奏、韵律、对比、统一、尺度、比例等美学规律 |
| | 材料组织在位置、层次上表现出的相邻、交接、渗透、分离、叠落、融合、图底、整体等聚散状态 |
| | 砌筑、堆叠、支撑、牵拉、搭接、悬挂、贴面、平铺等材料组织方式与结构秩序 |
| 技术性 | 新材料具有的技术体验 |
| | 材料在加工制备、功能、形态上展现出的技术性 |
| | 材料在建造与施工过程中表现出的技术性 |

其中，表面属性、材料搭配、外观形态、组织规则四个因素为装饰认知因子，这一因子与材料空间表现关系最为直接。结构性能、技术性属于效能认知因子，材料通过适宜的结构和技术也具有一定空间表现力。

综合考虑，采用这六个因素作为材料在空间环境中的表现因素。

### 5.1.3　空间效果界定

（1）空间效果

效果是指"由某种力量、做法或因素产生的结果"[1]，空

[1] 莫衡.当代汉语词典 [M].
上海：上海辞书出版社，
2001.4.

间效果是指通过各种设计手段所达成的空间环境品质，表示对预期结果的满意程度。

效果是空间评价的主要目标，是评判空间价值的重要因素。空间中的各种因素影响了人对效果的感受和判断，空间效果是客观的，可以被人感知和评价，而且受到环境中客观存在的制约；同时，效果也是主观的，主体的认知差异会影响到效果的判断，效果的好坏"取决于是否满足人的某种需要、符合人们对某种愿望和利益的预期"[1]。

空间效果的概念比较笼统，总体来看，是对室内空间的整体评价。评价对象包含室内空间中的各种要素，不论是形式美学、艺术格调、空间氛围、创意谋划等宏观的环境品质，还是造型、色彩、材料、尺度、光线等各种物质实体和空间要素，都可以用作评价，根据研究目的可以有多种角度的效果评价。空间效果满意度可以作为衡量人们的空间需求是否得到满足的指标。

在本研究中，主要考察材料表现对空间效果的影响，通过梳理前人对空间效果的相关研究[2][3]，结合实验目的，主要选择了空间氛围效果和创意效果两项。

从设计的目的性来讲，满足人们对空间的基本需求是重要的设计指向，空间氛围用来描述人们对空间的情感体验，是对空间最基本的需求之一。

从设计的本质来讲，创造性地解决问题是设计最为重要的本体与内核之一，空间创意可以视为空间效果的另一个重要考察指标。同时，具有创意的空间效果往往能够带来新奇、生动、个性的空间氛围感受。

形式美学、艺术格调也与材料相关，但相比之下，两者更偏向于形态学、设计史论，材料在其中只是作为表现设计目的的物质基础，不具备明显的表现目的。

[1] 蒋永福，吴可，岳长龄.东西方哲学大辞典[M].南昌：江西人民出版社，2000.8.
[2] 李腾飞.文化综合体建筑展览空间效果评价及设计方法研究[D].合肥：合肥工业大学，2013.
[3] 方程.高校图书馆建筑阅览空间效果评价及设计策略研究[D].合肥：合肥工业大学，2015.

（2）氛围效果

氛围是文学作品中重要的构成要素，是文学作品的情感基调，指作品中"人物活动所依存的周围社会环境和可以感知的精神心理气氛"[1]，通过对社会环境、生活环境的气氛描写来烘托和渲染人物的情绪、精神和心理状态。

[1] 唐达成.文艺赏析辞典[M].
    成都：四川人民出版社，
    1989.4.

空间氛围是指空间的气氛或情调，是对空间的总体印象和感受，往往具有一定的情绪、情感因素，是对空间的审美情感趋向，常用富于感情色彩的语汇来表达。不同功能、类型的空间应该具有不同的环境氛围，教堂的神圣、办公场所的庄重、餐厅的欢快、卧室的温馨……

人们对空间氛围的感知是多方位、多层次的。首先是视觉层面的感受，对造型、色彩、材料、光影等多种空间要素，以及尺度、比例、韵律、节奏等形式美的感受。其次是触觉、肤觉的感受，主要来自于对空间中材料实体表面质感的体味，其中由于"肤视一体化"的原因，很多触觉、肤觉感受可以直接通过视觉引发，而不需要身体的实际接触，如石材的冰冷、布料的绵软、木材的温润，等等，已经形成清晰的知觉印象。再者，是对听觉、嗅觉的感知，声学设计对于影剧院、音乐场馆等公共空间都有着极高的要求，对于教室、办公等空间类型也需要进行声学处理；嗅觉设计突出表现在特定的场域环境之中，普通的室内空间较少用到，多会采用绿色植物、鲜花陈设等进行调节。

对空间氛围的效果评价，由于实验样本采用图片形式，主要以视觉层面的氛围感知为主，衡量观测者对氛围效果的直观感受和满意程度。

（3）创意效果

创意是设计活动的本质，是解决问题的一种创造性的方式，是设计的灵魂所在。对于室内空间效果评价，创意性是重要的评价指标。

创意性是指在空间处理上打破固有的思维和认知模式，从新的角度、以新的方式去处理各种设计要素，从而取得与众不同、新颖独特的空间效果。创意多依靠发散思维和灵感，是一种具有创造性的思维模式。创意效果的评价，要考量在空间整体以及要素处理上，是否具有新颖的角度和独特的处理方式。

创意效果可以通过多种方式来实现，空间的各个构成要素都存在巨大的创新潜力，而且各要素之间关系的综合处理过程中更是蕴含着无穷的创造性，这就是室内设计创新源源不绝的根本原因之一。对于材料来讲，无论是材料自身属性的不断挖掘，还是使用手法的不断创新，都能带来崭新的创意效果。

## 5.1.4 实验样本选取

由于研究条件的限制，样本采用图片形式。实验样本主要通过知名设计网站的最佳推介、优秀设计师作品、空间设计经典案例、设计类专业书籍与期刊等渠道进行收集。

样本的选择条件，以上述确定的材料表现因素为依据，样本要能够突出表现材料的相关表现因素，具有一个或者多个清晰的材料表现特征。而且，每个案例尽量有多张图片，可以从不同角度展现空间，便于被试者对样本的空间品质以及材料特征进行清晰地把握。

经广泛收集并初步筛选，共收集样本 80 个。

采用焦点小组方法，召集本专业教师 5 人，对 80 个样本仔细比较斟酌，最终选出 36 个空间设计案例作为正式实验样本。另外，选出 7 个样本用于实验验证。

正式实验样本的详细情况见表 5-2。

实验样本图片

表 5-2

| 序号 | 样本图片 | 主要特征说明 |
|------|----------|--------------|
| 1 | | 外墙砖砌，内部木线条空间网架 |
| 2 | | 弯曲的聚碳酸酯板，材料在形状、性能、结构上的探索 |
| 3 | | 黄铜线条搭建的三维空间网架构筑 |
| 4 | | 石板交错咬合结构 |
| 5 | | 网状金属隔断 |

续表

| 序号 | 样本图片 | 主要特征说明 |
|------|----------|--------------|
| 6 | | 精美的大理石饰面 |
| 7 | | 计算机控制下运用机器臂进行数字化砖墙建造 |
| 8 | | 无规律的穿孔金属板与绿色植物的搭配 |
| 9 | | 弯曲的木制几何体无缝接合，数字化制作，探索复杂的几何图形以及形状和功能的联系 |
| 10 | | 砖的砌筑工艺 |

| 序号 | 样本图片 | 主要特征说明 |
|---|---|---|
| 11 | | 具有斗栱意象的木结构 |
| 12 | | 大面积墙体的规则木线条装饰 |
| 13 | | 质感丰富、形态不规则的多种砖石砌筑的墙体 |
| 14 | | 不同直径的横截木材浇筑在混凝土中形成墙体 |
| 15 | | 木质胶合板弯曲咬合搭建而成,对材料形态、性能、结构的探讨 |

| 序号 | 样本图片 | 主要特征说明 |
|---|---|---|
| 16 | | 参数化设计，3D 打印 |
| 17 | | 细腻精致的清水混凝土质感 |
| 18 | | 半透明的木结构装置和照明系统，交互式体验空间 |
| 19 | | 刨花板作为室内界面主体材料 |
| 20 | | 黑白两种颜色的三角形装饰片组成的墙体 |

| 序号 | 样本图片 | 主要特征说明 |
|---|---|---|
| 21 | | 多种自然材料编织的围合界面 |
| 22 | | 木质锦砖拼贴墙面 |
| 23 | | 精美石材与木质装饰线条的结合 |
| 24 | | 木质装饰材料饰面以及薄板编织吊顶 |
| 25 | | 陶瓷锦砖饰面 |

续表

| 序号 | 样本图片 | 主要特征说明 |
|------|----------|--------------|
| 26 | | 预制的层压曲木板条组成的框架结构，玻璃纤维板作为围合材料 |
| 27 | | 木条斜交组成的立体空间网状结构 |
| 28 | | 竹材界面装饰处理 |
| 29 | | 做旧锈蚀装饰板 |
| 30 | | 大面积的木材与通透的玻璃 |

| 序号 | 样本图片 | 主要特征说明 |
|------|----------|--------------|
| 31 | | 颜色深浅不一的六边形地砖与木材的搭配 |
| 32 | | 精美的木质褶皱形装饰墙板 |
| 33 | | 透明纯净的波纹装饰玻璃 |
| 34 | | 竹材搭建而成的内部空间 |

| 序号 | 样本图片 | 主要特征说明 |
|---|---|---|
| 35 | | 通过不同形状的板材排列组织形成波浪形的空间界面 |
| 36 | | 波浪纹路装饰墙板 |

## 5.1.5　实验过程

由于调研样本和内容较多，而且实验过程需要安静的场所来稳定测试人员的心态，所以选择集中会议调研。实验分两次进行，第一次实验人员 60 名，为学校师生，第二次实验委托设计公司召集设计师 18 名，客户 42 名，两次实验共回收有效问卷 120 份。

测试人员需要根据主观认识能力评价样本空间的效果，并结合自身认知判断六个材料表现因素对空间效果的影响大小，调查问卷的测量尺度分为 5 阶，1 代表程度最轻，5 代表程度最高。问卷见附录 2。

实验过程中，首先说明实验意图，确保被试者能够准确理解和有效评量；接着，对材料的六个表现因素进行简要解释，统一认识；之后进行样本评测。实验采用多媒体设备，将样本投影在屏幕上，被试者根据自身主观感受进行打分，在相应的格子中标记。

实验中，样本共展示两遍。第一遍展示，要求对样本中材料的六个表现因素进行评测，每张图片的展示时间10s，每个样本有2～3张图片，展示时间在20～30s；第二遍展示要求被试者对空间效果进行评量，每张图片的展示时间5s，每个样本有2～3张图片，展示时间在10～15s。全程时间约为30min。

将问卷数据进行统计，得到初步的实验数据，如表5-3。

样本实验数据                                    表5-3

| 样本序号 | 表面属性 | 材料搭配 | 外观形态 | 组织规则 | 结构性能 | 技术性 | 创意效果 | 氛围效果 |
|---|---|---|---|---|---|---|---|---|
| 1 | 1.308 | 1.867 | 3.600 | 3.283 | 3.508 | 2.867 | 3.383 | 3.300 |
| 2 | 3.200 | 1.792 | 4.267 | 3.808 | 4.450 | 4.200 | 4.050 | 4.008 |
| 3 | 3.467 | 2.225 | 3.467 | 3.433 | 3.400 | 2.800 | 3.217 | 3.767 |
| 4 | 2.517 | 1.458 | 2.867 | 3.525 | 3.892 | 3.358 | 3.650 | 3.567 |
| 5 | 1.542 | 1.433 | 4.233 | 2.617 | 3.067 | 3.875 | 3.633 | 3.708 |
| 6 | 4.675 | 1.467 | 1.200 | 1.708 | 0.992 | 1.350 | 1.700 | 3.167 |
| 7 | 1.767 | 1.533 | 4.325 | 4.600 | 3.875 | 4.667 | 3.850 | 4.092 |
| 8 | 4.075 | 1.700 | 3.033 | 3.342 | 1.567 | 2.575 | 3.908 | 3.867 |
| 9 | 3.092 | 1.867 | 4.467 | 2.025 | 3.767 | 3.200 | 3.717 | 3.983 |
| 10 | 3.142 | 2.108 | 3.567 | 3.533 | 2.267 | 2.433 | 2.858 | 3.700 |
| 11 | 2.533 | 1.925 | 4.317 | 3.133 | 4.292 | 3.075 | 4.225 | 4.167 |
| 12 | 2.900 | 1.417 | 2.733 | 3.092 | 1.367 | 2.108 | 2.300 | 3.125 |
| 13 | 4.525 | 4.200 | 3.575 | 3.367 | 1.175 | 2.392 | 3.592 | 4.058 |
| 14 | 3.433 | 3.267 | 3.800 | 3.583 | 1.133 | 1.567 | 3.867 | 3.733 |
| 15 | 3.200 | 2.133 | 4.608 | 3.908 | 4.033 | 3.533 | 3.900 | 4.133 |
| 16 | 2.192 | 1.725 | 4.858 | 2.392 | 4.133 | 4.700 | 3.775 | 3.808 |
| 17 | 4.383 | 2.533 | 2.208 | 1.767 | 1.100 | 2.533 | 2.383 | 3.708 |
| 18 | 4.183 | 1.733 | 3.542 | 4.200 | 1.400 | 4.300 | 4.008 | 4.300 |
| 19 | 4.792 | 1.358 | 1.558 | 2.233 | 1.025 | 1.258 | 2.508 | 3.300 |
| 20 | 4.567 | 3.933 | 3.133 | 4.142 | 1.067 | 2.233 | 3.425 | 3.925 |
| 21 | 4.700 | 4.383 | 3.650 | 3.850 | 2.392 | 3.667 | 3.892 | 4.692 |
| 22 | 4.575 | 3.875 | 3.967 | 4.292 | 1.200 | 3.133 | 3.983 | 4.300 |

| 样本序号 | 表面属性 | 材料搭配 | 外观形态 | 组织规则 | 结构性能 | 技术性 | 创意效果 | 氛围效果 |
|---|---|---|---|---|---|---|---|---|
| 23 | 4.367 | 3.533 | 2.258 | 3.192 | 1.142 | 1.367 | 2.150 | 3.692 |
| 24 | 3.925 | 2.942 | 3.683 | 3.242 | 2.867 | 2.633 | 3.142 | 4.117 |
| 25 | 4.642 | 3.775 | 3.375 | 3.650 | 1.433 | 2.733 | 2.542 | 3.892 |
| 26 | 2.458 | 2.700 | 4.233 | 3.300 | 3.842 | 3.350 | 3.817 | 3.983 |
| 27 | 2.200 | 2.433 | 4.383 | 4.100 | 4.058 | 3.175 | 4.133 | 4.008 |
| 28 | 2.433 | 2.375 | 3.933 | 3.308 | 2.633 | 2.567 | 3.333 | 3.558 |
| 29 | 4.200 | 3.592 | 3.025 | 2.567 | 1.067 | 1.400 | 2.767 | 3.433 |
| 30 | 4.400 | 3.408 | 2.467 | 2.000 | 1.008 | 1.200 | 2.050 | 3.567 |
| 31 | 4.433 | 4.025 | 3.967 | 4.008 | 1.025 | 1.983 | 3.775 | 4.142 |
| 32 | 4.592 | 2.450 | 4.083 | 3.017 | 1.600 | 2.867 | 3.217 | 3.867 |
| 33 | 4.275 | 1.200 | 4.400 | 3.000 | 2.533 | 3.792 | 3.333 | 4.258 |
| 34 | 2.700 | 3.108 | 4.042 | 4.075 | 4.192 | 2.883 | 3.675 | 4.300 |
| 35 | 3.633 | 2.117 | 4.175 | 4.275 | 3.733 | 3.867 | 3.950 | 4.108 |
| 36 | 4.600 | 2.067 | 4.300 | 2.717 | 1.267 | 2.967 | 3.325 | 3.883 |

## 5.2　实验结果与分析

### 5.2.1　样本的空间分布状况

为了了解实验样本是否能够全面涵盖材料的各个表现因素，通过集群分析对实验样本的空间分布状况进行判断。

结合实验拟定的材料表现因素数量，确定将样本分为 6 群，采用 $K$ 均值聚类进行分析。表 5-4 为 $K$ 均值聚类的结果，"距离"为每个样本至该群聚类中心的距离。表 5-5 直观地表达了最终的样本分群情况。

第一群的 11 个样本，以材料的组织规则为主要特征，注重材料在平面及三维空间中的组织；第二群的 9 个样本，体现了材料在种类、质感、形态等方面的搭配；第三群的 5 个样本，在材料的外观形态方面较为突出；第四群的 4 个样本，着重体现材料在空间中的结构性能；第五群的 2 个样本，材料的技术

K 均值聚类结果成员表　　　　　　　　表 5-4

| 样本序号 | 聚类 | 距离 | 样本序号 | 聚类 | 距离 |
|---|---|---|---|---|---|
| 3 | 1 | 0.837 | 23 | 2 | 1.573 |
| 26 | 1 | 0.859 | 21 | 2 | 1.909 |
| 27 | 1 | 1.101 | 32 | 3 | 0.860 |
| 28 | 1 | 1.108 | 36 | 3 | 0.933 |
| 15 | 1 | 1.155 | 8 | 3 | 1.157 |
| 34 | 1 | 1.175 | 33 | 3 | 1.314 |
| 35 | 1 | 1.395 | 18 | 3 | 1.453 |
| 4 | 1 | 1.449 | 11 | 4 | 1.039 |
| 10 | 1 | 1.458 | 9 | 4 | 1.056 |
| 24 | 1 | 1.539 | 16 | 4 | 1.128 |
| 1 | 1 | 1.644 | 5 | 4 | 1.173 |
| 13 | 2 | 0.518 | 2 | 5 | 0.908 |
| 25 | 2 | 0.551 | 7 | 5 | 0.908 |
| 20 | 2 | 0.663 | 17 | 6 | 1.080 |
| 31 | 2 | 0.800 | 19 | 6 | 1.095 |
| 22 | 2 | 1.236 | 6 | 6 | 1.244 |
| 14 | 2 | 1.381 | 30 | 6 | 1.540 |
| 29 | 2 | 1.480 | 12 | 6 | 1.939 |

性表现较为突出；第六群的 5 个样本，材料的表面属性特征非常清晰。

需要指出的是，同一样本可能具有多个方面的表现因素，能满足多个群的特征，以上结果是建立在数据的集群分析基础之上，按照样本的数值特征进行亲疏关系的判断，将距离较近的样本归为一类。

根据 K 均值聚类分析结果，距离中心最小的样本作为本群的代表样本，最终得到 6 群的代表性样本为 3、13、32、11、2、17，见表 5-6。

样本分群结果　　　　　　　　　　　　　　　　　　表 5-5

| 群号 | 样本分组情况 | | | | | |
|---|---|---|---|---|---|---|
| 第一群 | 3 | 26 | 27 | 28 | 15 | 34 |
| | 35 | 4 | 10 | 24 | 1 | |
| 第二群 | 13 | 25 | 20 | 31 | 22 | 14 |
| | 29 | 23 | 21 | | | |
| 第三群 | 32 | 36 | 8 | 33 | 18 | |
| 第四群 | 11 | 9 | 16 | 5 | | |
| 第五群 | 2 | 7 | | | | |
| 第六群 | 17 | 19 | 6 | 30 | 12 | |

代表性样本　　　　　　　　　　　表 5-6

| 群号 | 样本数 | 代表样本序号 | 代表样本 | 距离 | 样本群主要材料特征 |
|---|---|---|---|---|---|
| 1 | 11 | 3 | | 0.837 | 组织规则 |
| 2 | 9 | 13 | | 0.518 | 材料搭配 |
| 3 | 5 | 32 | | 0.860 | 外观形态 |
| 4 | 4 | 11 | | 1.039 | 结构性能 |
| 5 | 2 | 2 | | 0.908 | 技术性 |
| 6 | 5 | 17 | | 1.080 | 表面属性 |

　　通过聚类分析，了解了实验样本的特征空间分布情况，找出了每个群的代表性样本。可以看出，每个样本群的材料特征较为明显，聚类效果较好。从整体结构看，样本选择较为全面，涵盖了所有拟定的材料表现因素，适合展开后续的回归分析。

## 5.2.2　材料表现因素对空间效果的影响

　　为了判断材料的各类表现因素对空间效果的影响，以材料的表面属性、材料搭配、外观形态、组织规则、结构性能、技术性表现 6 个因素作为自变量，分别以空间营造的氛围效果、创意效果为因变量，采用"进入"法进行回归分析。

（1）材料表现因素对创意效果的影响

材料表现因素与创意效果的回归分析数据如表 5-7、表 5-8 所示，回归分析的 $R$ 方值为 0.736（$F=13.503$，$P<0.001$），说明实验中材料表现因素可以解释空间创意效果评价的 73.6%，回归方程的拟合度较高。

创意效果分析的模型汇总 [a]　　表 5-7

| 模型 | $R$ | $R$ 方 | 调整 $R$ 方 | 标准估计的误差 | 更改统计量 | | | | |
| --- | --- | --- | --- | --- | --- | --- | --- | --- | --- |
| | | | | | $R$ 方更改 | $F$ 更改 | $df1$ | $df2$ | Sig. $F$ 更改 |
| 1 | 0.858[a] | 0.736 | 0.682 | 0.375 | 0.736 | 13.503 | 6 | 29 | 0.000 |

创意效果分析的系数 [b]　　表 5-8

| 模型 | | 非标准化系数 | | 标准系数 | $t$ | Sig. | 相关性 | | | 共线性统计量 | |
| --- | --- | --- | --- | --- | --- | --- | --- | --- | --- | --- | --- |
| | | $B$ | 标准误差 | Beta | | | 零阶 | 偏 | 部分 | 容差 | $VIF$ |
| 1 | （常量） | 0.554 | 0.569 | | 0.975 | 0.338 | | | | | |
| | 表面属性 | 0.027 | 0.102 | 0.042 | 0.266 | 0.792 | −0.395 | 0.049 | 0.025 | 0.363 | 2.754 |
| | 材料搭配 | −0.008 | 0.097 | −0.011 | −0.078 | 0.938 | −0.023 | −0.014 | −0.007 | 0.480 | 2.083 |
| | 外观形态 | 0.386 | 0.125 | 0.498 | 3.096 | 0.004 | 0.792 | 0.498 | 0.295 | 0.352 | 2.843 |
| | 组织规则 | 0.283 | 0.106 | 0.321 | 2.670 | 0.012 | 0.620 | 0.444 | 0.255 | 0.628 | 1.592 |
| | 结构性能 | 0.060 | 0.095 | 0.115 | 0.632 | 0.532 | 0.576 | 0.117 | 0.060 | 0.275 | 3.643 |
| | 技术性 | 0.095 | 0.124 | 0.136 | 0.769 | 0.448 | 0.686 | 0.141 | 0.073 | 0.292 | 3.424 |

a. 因变量：创意效果
b. 预测变量（常量）：技术性，材料搭配，表面属性，组织规则，外观形态，结构性能。

在空间效果的创意性上，材料的外观形态（$P<0.01$）和组织规则（$P<0.05$）两个因素具有显著影响，材料表面属性与材料搭配影响程度较弱。材料的六个表现因素对空间创意效果的影响力依次为外观形态（$B=0.386$）、组织规则（$B=0.283$）、技术性（$B=0.095$）、结构性能（$B=0.060$）、表面属性（$B=0.027$）、

材料搭配（$B=-0.008$）。利用材料表现提升空间创意时，应优先考虑$B$值较高的相关因素。所有因素的$VIF$值均低于5，说明共线性问题较小，回归方程的可信性较高。

形态是任何造型艺术的基础，室内空间也是由各种具体的形态组成，外观形态的变化是生成创意的直接而有效的手段。组织规则是单体材料在使用时所遵循的美学、结构、技术等多方面的规则，要综合各种因素决定材料如何安排。组织规则不仅体现在材料的二维平面组合上，更突出表现在三维空间的组织中，表现力和创造性更丰富。技术因素体现在材料的制备与施工之中，特别是新型材料、新型工艺，可以产生独特的视觉效果，具有新鲜感。结构性能的表现往往是基于材料自身力学和结构性质，在表现形态上更具合理性和创新性。表面属性的创新往往需要依靠材料的新型制备与表面加工工艺来形成独特新颖的质感特征。材料搭配虽然具有无限的组合可能性，但在室内空间中，常用材料之间的组合方式已经被广泛挖掘，相比之下，想要形成独特的创意非常具有难度。

（2）材料表现因素对氛围效果的影响

材料表现因素与氛围效果满意度的回归分析数据如表5-9、表5-10所示，回归分析的$R$方值为0.827（$F=23.161$，$P<0.001$），说明实验中材料表现因素可以解释空间氛围效果满意度的82.7%，回归方程的拟合度较高。

空间氛围效果满意度是对空间的直观感受，反映观者对空间氛围的总体喜好程度。材料的六个表现因素对空间氛围效果度均具有正向影响，其中表面属性（$P<0.001$）、技术性（$P<0.01$）、材料搭配（$P<0.01$）、结构性能（$P<0.05$）和外观形态（$P<0.05$）五个因素对空间氛围效果具有显著影响，组织规则的影响较小，表面属性的影响最为显著。材料的六个表现因素对空间氛围效果满意度的影响依次为表面属性（$B=0.207$）、技术性（$B=0.160$）、材料搭配（$B=0.119$）、外观形态（$B=0.119$）、

**氛围效果分析的模型汇总** [a]　　　　表 5-9

| 模型 | R | R 方 | 调整 R 方 | 标准估计的误差 | 更改统计量 | | | | |
|---|---|---|---|---|---|---|---|---|---|
| | | | | | R 方更改 | F 更改 | df 1 | df 2 | Sig. F 更改 |
| 1 | 0.910[a] | 0.827 | 0.792 | 0.158 | 0.827 | 23.161 | 6 | 29 | 0.000 |

**氛围效果分析的系数** [b]　　　　表 5-10

| 模型 | 非标准化系数 | | 标准系数 | t | Sig. | 相关性 | | | 共线性统计量 | |
|---|---|---|---|---|---|---|---|---|---|---|
| | B | 标准误差 | Beta | | | 零阶 | 偏 | 部分 | 容差 | VIF |
| 1 | | | | | | | | | | |
| （常量） | 1.440 | 0.240 | | 6.003 | 0.000 | | | | | |
| 表面属性 | 0.207 | 0.043 | 0.619 | 4.830 | 0.000 | 0.128 | 0.668 | 0.373 | 0.363 | 2.754 |
| 材料搭配 | 0.119 | 0.041 | 0.324 | 2.913 | 0.007 | 0.345 | 0.476 | 0.225 | 0.480 | 2.083 |
| 外观形态 | 0.119 | 0.053 | 0.294 | 2.261 | 0.031 | 0.615 | 0.387 | 0.174 | 0.352 | 2.843 |
| 组织规则 | 0.085 | 0.045 | 0.184 | 1.890 | 0.069 | 0.576 | 0.331 | 0.146 | 0.628 | 1.592 |
| 结构性能 | 0.097 | 0.040 | 0.358 | 2.430 | 0.022 | 0.287 | 0.411 | 0.188 | 0.275 | 3.643 |
| 技术性 | 0.160 | 0.052 | 0.438 | 3.068 | 0.005 | 0.562 | 0.495 | 0.237 | 0.292 | 3.424 |

a. 因变量：效果效果

b. 预测变量（常量）：技术性，材料搭配，表面属性，组织规则，外观形态，结构性能。

结构性能（B=0.097）、组织规则（B=0.085）。通过材料提升空间氛围效果时，应优先考虑 B 值较高的相关因素。

所有因素的 VIF 值均低于 5，说明共线性问题较小，回归方程的可信性较高。

表面属性是材料表现的物质基础，而且所有的设计要素与手法都要依靠物质的表面在空间中得以呈现，表面属性的优劣对空间氛围具有最为显著的影响。材料的技术因素通常表现出新奇的装饰效果，给人欣喜的空间感受，对于氛围营造具有积极的作用。材料搭配、外观形态是常用的、基础的材料装饰手段，在种类、质感、尺度、形态等多方面都具有较强的综合表现力，确实具有较好的氛围效果。实验结果显示材料组织规则对氛围效果的影响相对较弱，分析原因，是因为组织规则需要仔细体会其中的材料关系及结合方式，不够直观。

（3）影响关系模型

根据上述分析结果，可以建立空间视觉效果与材料表现因素的回归模型。将创意效果、氛围效果分别设为 $Y_1$、$Y_2$，表面属性、材料搭配、外观形态、组织规则、结构性能、技术性等 6 个因素依次设为 $X_1$、$X_2$、$X_3$、$X_4$、$X_5$、$X_6$。具体方程如下：

$$Y_1 = 0.027X_1 - 0.008X_2 + 0.386X_3 + 0.283X_4 + 0.060X_5 + 0.095X_6 + 0.554$$
$$Y_2 = 0.207X_1 + 0.119X_2 + 0.119X_3 + 0.085X_4 + 0.097X_5 + 0.160X_6 + 1.440$$

在空间效果的创意性上，材料外观形态和组织规则两个因素具有显著影响，材料表面属性与材料搭配影响程度较弱。影响力依次为外观形态、组织规则、技术性、结构性能、表面属性、材料搭配。

材料表面属性、技术性、材料搭配、结构性能和外观形态五个因素对空间氛围效果具有显著影响，组织规则的影响较小，表面属性的影响最为显著。

该实验结果为提升空间效果提供了参考，应着重考量相应的材料因素及其表现方法。

## 5.3 实验结果验证

为检验回归分析结果的可信度，选择了 7 个新样本进行实验验证。样本见表 5-11。

验证样本 表 5-11

| 序号 | 验证样本图片 |
| --- | --- |
| 1 | |

续表

| 序号 | 验证样本图片 |
| --- | --- |
| 2 | |
| 3 | |
| 4 | |
| 5 | |
| 6 | |
| 7 | |

由于样本数目较小，选择采用街头调查的方式进行问卷调查。问卷见附录3。

回收有效问卷30份，将数据进行统计，得到验证样本的各项实验数据均值，如表5-12。

验证样本的实验数据 表5-12

| 样本序号 | 表面属性 | 材料搭配 | 外观形态 | 组织规则 | 结构性能 | 技术性 | 创意效果 | 效果效果 |
|---|---|---|---|---|---|---|---|---|
| 1 | 2.867 | 2.733 | 3.633 | 2.733 | 3.800 | 2.767 | 3.233 | 3.133 |
| 2 | 4.200 | 3.533 | 3.433 | 4.067 | 2.367 | 2.100 | 3.300 | 4.000 |
| 3 | 2.833 | 2.267 | 4.533 | 3.267 | 3.733 | 4.100 | 3.967 | 4.100 |
| 4 | 4.000 | 3.600 | 2.867 | 4.133 | 2.600 | 3.067 | 3.567 | 4.000 |
| 5 | 3.967 | 4.233 | 3.833 | 4.033 | 2.567 | 3.133 | 3.600 | 4.233 |
| 6 | 2.833 | 2.967 | 4.300 | 3.133 | 3.633 | 3.467 | 3.500 | 4.133 |
| 7 | 3.300 | 3.000 | 4.133 | 3.433 | 2.867 | 3.067 | 3.433 | 3.833 |

将采集到的材料六个因素的实验数据代入回归方程，可以得到每个样本的空间效果的计算值，比如验证样本1的空间创意效果 $Y_1$ 计算值按以下算式求得。

$$Y_1 = 0.027 \times 2.867 - 0.008 \times 2.733 + 0.386 \times 3.633 + 0.283 \times 2.733 + 0.060 \times 3.800 + 0.095 \times 2.767 + 0.554 = 3.276$$

同样方法得出其他6个样本的空间效果计算值，统计如表5-13。

验证样本的计算结果 表5-13

| 样本序号 | 创意效果计算值 | 氛围效果计算值 |
|---|---|---|
| 1 | 3.276 | 3.835 |
| 2 | 3.457 | 4.050 |
| 3 | 3.900 | 4.132 |
| 4 | 3.357 | 4.132 |
| 5 | 3.700 | 4.314 |
| 6 | 3.701 | 4.065 |
| 7 | 3.650 | 4.033 |

把实验评量与回归方程计算得到的两组空间效果数值进行配对样本 $t$ 检验。

| 成对样本相关系数 | | | | 表 5-14 |
|---|---|---|---|---|
| 成对检验 | | 样本数 | 相关系数 | Sig. |
| 创意效果 | 计算值 & 实验值 | 7 | 0.777 | 0.040 |
| 氛围效果 | 计算值 & 实验值 | 7 | 0.876 | 0.010 |

从样本相关系数表 5-14 中可以看出，验证样本在创意效果以及氛围效果两个方面的实验值与计算值之间的相关系数分别为 0.777、0.876，$P$ 值都小于 0.05，说明两组数值之间存在显著的相关性。

成对样本 $t$ 检验的结果中（表 5-15），验证样本在创意效果以及氛围效果两个方面的实验值与计算值之间的差值均值分别为 0.063、0.161，标准差分别为 0.155、0.253。其中，创意效果的两组数据差异较小，计算统计量 $t$=1.073，显著性水平检验值 $P$=0.325；氛围效果的两组数据差异较大，计算统计量 $t$=1.689，显著性水平检验值 $P$=0.142。两个项目的配对样本 $t$ 检验双侧 $P$ 值均大于 0.05，说明两组数据的差别不具有统计学意义，即实验值和计算值之间没有显著差异，回归方程的有效性得到验证。

| 成对样本检验 | | | | | | | | | 表 5-15 |
|---|---|---|---|---|---|---|---|---|---|
| 成对检验 | | 成对差分 | | | | | $t$ | d$f$ | Sig.（双侧） |
| | | 均值 | 标准差 | 均值的标准误 | 差分的 95% 置信区间 | | | | |
| | | | | | 下限 | 上限 | | | |
| 创意效果 | 计算值 & 实验值 | 0.063 | 0.155 | 0.059 | −0.081 | 0.207 | 1.073 | 6 | 0.325 |
| 氛围效果 | 计算值 & 实验值 | 0.161 | 0.253 | 0.095 | −0.072 | 0.395 | 1.689 | 6 | 0.142 |

# 第六章

## 材料的空间氛围表现策略研究

　　氛围是对空间环境的一种主观感受，对目之所及环境的整体印象。对室内空间来讲，室内空间中的所有因素对氛围感受都具有直接影响，看到这些物体，会触发人过往的认知经历，从而产生个体的主观印象，因人而异，但鉴于生活环境和背景的相似性，在总体感受上会具有一定程度趋同性，存在一定的规律，便于识别和考察。

　　材料是营造空间氛围的重要载体，并且对氛围的影响既直接又明显。

　　阿道夫·路斯早在 1898 年 9 月 4 日的维也纳《新自由报》上就曾指出："艺术家，那些真正的建筑师们则是首先试图去感受他要实现的效果，并在他的想象中来看他意图创造的房间。他会去感受一下他想要传达给观者的效果：如果这是一个地牢，则要令人畏惧和恐怖；如若是教堂，则让人崇敬；如果是一处政府建筑，则应让人慑于它的权威与力量；坟墓需要虔敬，居所渴望甜蜜，酒馆该当艳丽。这些效果的达成，同时有赖于这一空间所采用的材料与形式。"[1]

　　材料对空间氛围的影响主要集中在表现属性上，从前述实验结果中也可以看出，表面属性在氛围效果评测中影响最为显著。技术性、材料搭配、结构性能、外观形态和组织规则对氛围效果也都具有正向影响，其中组织规则的影响不够显著。

　　本章首先通过实验来研究材料表面属性对空间氛围的具体

[1] [ 奥 ] 阿道夫·路斯著 . 饰面的原则 [J]. 史永高译 . 时代建筑，2010（3）: 152-155.

影响，其他五个因素也可以采用类似方法进行探讨，在此没有逐一展开。通过实验可以明确方向，但对具体策略的研究，难以单独依赖实验手段直接言明，仍然需要概念的启发指引、经验的总结提升以及思维的拓展延伸。

## 6.1 表面属性对空间氛围的影响

表面属性是材料表现的基础，空间氛围需要借助材料的表面性状来营造，特定的氛围可以与材料的色彩、质地、肌理、光泽度等具体的表面属性产生直接的关联（图 6-1）。

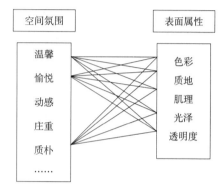

图 6-1 空间氛围与材料表面属性的关联

本章节借助实验考察材料表面属性对空间氛围的影响，实验以木质空间环境为例，在研究方法上，借鉴工业设计中常用的材料质感方面的研究，通过感性意象实验以及数量化Ⅰ类分析，构建材料表面属性与空间氛围的关系模型，量化分析其中的影响关系，为设计提供参考策略。

### 6.1.1 实验设计与过程

#### 6.1.1.1 实验步骤

（1）选取实验样本与语意

为有效测试材料表面属性对空间环境氛围的影响，在空间环境样本的选择上要遵循"材料表面属性特征明显，其他特征弱化"的总体原则。样本主要通过专业书籍与网站等渠道收集。

实验所用的木质空间环境氛围的感性意象语意，广泛参考了产品质感语意、空间氛围感性描述的相关研究，尽可能全面涵盖空间氛围的语意认知空间。

（2）选择代表性语意

通过意象语意分群实验，采用多元尺度分析，得出意象语意在认知空间中的坐标，进行聚类分析，找到代表性意象语意。

（3）语意评价实验

将样本与代表性语意结合，采用语意差异法进行评价实验，得到各样本在代表性语意上的评量均值。

（4）数据分析

对样本的意象语意均值进行因子分析，得到样本的意象空间分布。

将材料表面属性进行要素分解，并对样本进行要素编码，采用数量化Ⅰ类方法构建表面属性要素与空间氛围语意的数学模型，考察其中的影响关系。

（5）实验结果验证

选取一定数量的样本，验证分析结果的可靠性。

材料表面属性与空间氛围关系实验的总体架构如图6-2所示。

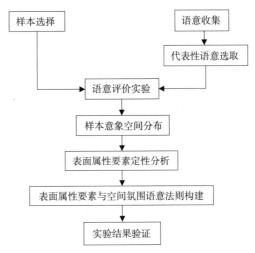

图6-2　材料表面属性与空间氛围关系实验架构

### 6.1.1.2　材料表面属性与空间氛围的界定

材料表面属性主要包括质地、肌理、色彩、光泽度、透明度等内容。

本实验以木质家居空间环境为例，由于条件限制，采用图片作为实验样本，并结合木材表面视觉环境学的相关研究，选择色彩、纹理、光泽、粗糙度作为实验的表面属性要素。

氛围是空间设计的目的之一，指环境的气氛和情调。情节、场景、时间、空间、环境等，是氛围营造的外在条件。氛围是一种具有识别性的气氛，能够在环境中感受到的一种气韵，是对环境的总体印象和感受，代表了空间环境审美情感的趋向。氛围的描述主要通过感性词语进行，比如美好、优雅、庄重等，能代表一定的心理主观感受。本实验中，采用描述木质空间环境感受的意象词语对室内空间进行氛围评测。

### 6.1.1.3　样本选择

本章旨在探讨材料表面属性对空间氛围的影响，实验以木质空间环境为例，鉴于实验条件的限制，样本采用图片形式，在选择空间样本时要满足以下几个条件：

第一，主体材料的表面属性特征要清晰，能够被明确地感知，要综合考虑材料的多种表面属性要素，包括色彩、纹理、光泽、粗糙度等内容[1]。

第二，主体材料对空间氛围具有明显的影响力和控制力，材料在画面中要占据显著位置，无明显遮挡。

第三，样本中，影响空间环境氛围的其他要素不应过于明显，如造型、装饰等要素要趋于弱化。

第四，主体材料在画面中占有较大的面积比例，本研究将这一比例设定在50%。这一比例参考了王洪羿关于北方养老建筑内部空间知觉体验的研究，他将空间与实体看作图形与背景的关系，对空间的感知度转换为空间在画面上的面积比，即："空间感知度＝画面上空间面积÷画面总面积"，比值越大，空间越倾向于空旷，以50%为分界，空间感知在"实体审美"与"空间审美"之间转化[2]。在本实验中，借鉴这一研究，样本中主体材料占画面的面积比越大，材料对空间感知的影响力

[1] 刘一星,于海鹏,张显权.木质环境的科学评价 [J]. 华中农业大学学报，2003，22（5）: 503.

[2] 王洪羿，周博，范悦，陆伟.养老建筑内部空间知觉体验与游走路径研究——以北方地区城市、农村养老设施为例 [J]. 建筑学报，2012（7）: 161-165.

越大，一般在 50% 以上，个别的样本不低于 40%。

　　综合以上条件选取样本，但在样本收集过程中遇到一些困难，在正常的室内空间尺度中，材料的某些质感特征不太容易识别，特别是光泽度、粗糙度等特征。因此，根据研究内容，采用 3Ds Max、Vray 等软件进行建模渲染，通过设定不同色彩、纹理的木材贴图，控制漫反射、粗糙度、反射、光泽度、凹凸等参数，来模拟材料的色彩、纹理、光泽度、粗糙度等质感特征。

　　通过样本搜集与制作，共准备 58 个实验样本，精选 32 个用于正式的意象感知实验。其中，样本 1 ~ 8 为实景照片；9 ~ 32 为建模渲染得到的效果图，采用同样的造型和场景，在色彩、纹理、光泽度、粗糙度等表面属性特征上设置不同的参数。

　　样本详细情况见表 6-1。

| 实验样本 | | | 表 6-1 |
| --- | --- | --- | --- |
| 样本编号 | 样本图片 | 图底关系 | 主体材料面积比 |
| 1 | | | 47.6% |
| 2 | | | 68.5% |
| 3 | | | 71.3% |
| 4 | | | 84.2% |
| 5 | | | 61.8% |

续表

| 样本编号 | 样本图片 | 图底关系 | 主体材料面积比 |
| --- | --- | --- | --- |
| 6 | | | 42.6% |
| 7 | | | 46.4% |
| 8 | | | 53.6% |
| 9 | | | 72.3% |
| … | … | … | … |

### 6.1.1.4　意象语意选择

（1）收集意象语意

首先，从专业图书、期刊，以及相关的研究论文中，摘取描述木质空间环境氛围的感性语意，经过初步筛选，得到162个词汇。然后，进行语意的筛选，随机抽取30名被试，根据自身感受填写《木质空间环境氛围感性语意调查问卷》（见附录4），在162个词汇中选取适合的感性语意，数量不限。对问卷进行统计，有32个语意的票数超过1/3（10次），作为本次实验的词汇样本。统计情况如表6-2。

（2）代表性意象语意选取

①意象语意分群

为了进一步了解木质空间环境氛围感性语意的意象结构关系，召集23人对初选的32个语意进行意象分群实验。要求实验参与人员仔细斟酌比较32个语意，根据自身主观认知进行

感性意象语意初步筛选统计表　　　　　　　表 6-2

| 语意 | 票数 | 语意 | 票数 | 语意 | 票数 | 语意 | 票数 | 语意 | 票数 |
|------|------|------|------|------|------|------|------|------|------|
| 单调的 | 18 | 动感的 | 15 | 活泼的 | 21 | 丰富的 | 24 | 华丽的 | 16 |
| 简洁的 | 21 | 奢华的 | 14 | 明快的 | 15 | 柔美的 | 12 | 清新的 | 18 |
| 粗犷的 | 14 | 流畅的 | 14 | 平滑的 | 18 | 大方的 | 20 | 愉悦的 | 21 |
| 舒适的 | 18 | 弹性的 | 15 | 典雅的 | 19 | 庄重的 | 17 | 个性的 | 14 |
| 古朴的 | 16 | 田园的 | 18 | 时尚的 | 12 | 温馨的 | 22 | 亲切的 | 22 |
| 细腻的 | 19 | 协调的 | 14 | 生动的 | 16 | 质朴的 | 19 | 轻松的 | 20 |
| 清晰的 | 17 | 自然的 | 24 | | | | | | | | |

分群，将具有相似意义的语意填写在同一列内，并将分群的数量控制在 7 群以内，每群内的语意个数可以不同，填写《木质空间环境氛围意象语意分群表》（见附录 5）。

对结果进行统计，统计分群相同的次数后列出 32×32 的相似性矩阵，在 SPSS 统计软件中，采用二至六维多元尺度法进行分析。多维尺度分析可以根据研究对象之间的相似性矩阵，得出它们之间的空间知觉图。本研究所进行六维尺度分析，在经过 19 次迭代以后，应力值的变化小于 0.001，达到收敛的标准，Kruskal's stress 数值为 0.13999，RSQ 值为 0.58965。经分析得到 32 个语意在认知空间中的分布情形（表 6-3），这些坐标值将作为下面的聚类分析数据。

感性语意坐标值　　　　　　　表 6-3

| 意象语意 | 坐标值 | | | | | |
|------|------|------|------|------|------|------|
| | 1 | 2 | 3 | 4 | 5 | 6 |
| 流畅的 | −0.8723 | −1.0603 | 0.4707 | 0.3691 | 0.1350 | −2.0577 |
| 古朴的 | −1.5676 | 1.0755 | 0.3982 | 0.4403 | 0.7351 | 1.2766 |
| 细腻的 | 1.3589 | −1.1568 | −0.4233 | −0.2555 | 0.8153 | −1.5778 |
| 丰富的 | 0.1275 | −1.2491 | −1.2308 | −0.4280 | −1.3131 | 1.0802 |
| 舒适的 | −1.4372 | −0.7556 | −1.1059 | −1.5633 | 0.5426 | 0.2013 |
| 亲切的 | 1.1078 | 0.4855 | −0.0867 | −0.5921 | 0.6449 | 2.0832 |
| 平滑的 | 1.6552 | 0.7679 | 0.6707 | 1.0739 | −0.3467 | 1.0663 |

| 意象语意 | 坐标值 | | | | | |
|---|---|---|---|---|---|---|
| | 1 | 2 | 3 | 4 | 5 | 6 |
| 活泼的 | −0.4747 | −0.8708 | 2.1854 | −0.2017 | 0.2537 | 0.6051 |
| 华丽的 | 0.3305 | −0.3754 | 0.2699 | −1.6734 | 0.6646 | −1.6864 |
| 个性的 | 0.6413 | −0.2268 | −0.4358 | −0.0243 | −2.2906 | 0.6547 |
| 明快的 | 1.6438 | −0.5491 | 0.1765 | 1.1715 | 1.2783 | 0.1583 |
| 简洁的 | 0.9526 | −0.4682 | 0.9471 | 1.5331 | 0.8854 | 0.5641 |
| 时尚的 | 0.8266 | −0.2078 | −0.6590 | 0.3192 | −2.0668 | 0.5582 |
| 大方的 | 0.8480 | 1.7550 | 0.2802 | −0.8972 | −0.9830 | −0.7447 |
| 自然的 | −0.9076 | 1.1554 | −1.2441 | 1.3954 | −0.3317 | −0.7036 |
| 单调的 | 1.3092 | −0.6695 | −0.0999 | 1.2424 | 1.4503 | −0.0461 |
| 典雅的 | 0.3404 | 1.6492 | 0.6331 | −0.2302 | −1.2369 | −0.3463 |
| 弹性的 | −0.0495 | −0.6051 | 1.9997 | 0.3889 | 0.5486 | 0.6146 |
| 粗犷的 | −1.6856 | 1.0480 | 0.3523 | 0.9488 | 0.2049 | −0.1472 |
| 愉悦的 | −0.0235 | 0.5831 | −1.0800 | −1.2177 | 1.4350 | 1.1487 |
| 动感的 | −1.5168 | −0.4083 | 1.5325 | 0.6248 | −0.1332 | −0.2723 |
| 田园的 | −0.0667 | 1.8909 | −0.5206 | 0.8112 | −1.0328 | −0.4690 |
| 奢华的 | 0.7949 | 0.7505 | 0.6602 | −1.7860 | 0.1752 | −1.2169 |
| 温馨的 | −0.8525 | 1.5207 | −0.7652 | −0.6718 | 1.4660 | 0.4803 |
| 柔美的 | −0.1243 | −1.3673 | 0.2225 | −0.2574 | −2.0414 | −0.0706 |
| 庄重的 | 0.9610 | 1.1535 | 0.6069 | −1.6747 | −0.1031 | −0.9848 |
| 协调的 | 0.3586 | −0.5428 | −1.4022 | 1.1677 | 0.7221 | −1.3630 |
| 生动的 | −1.5107 | −1.0520 | 1.1890 | 0.1367 | −0.5187 | −0.7212 |
| 清晰的 | 0.5444 | −0.6735 | −1.7495 | 1.0601 | 0.3460 | −0.5414 |
| 轻松的 | −0.7036 | −1.1092 | −1.8673 | −0.6839 | −0.1430 | 0.5490 |
| 质朴的 | −1.6219 | 0.8004 | 0.6633 | 1.0265 | 0.3262 | 0.6195 |
| 清新的 | −0.3862 | −1.2878 | −0.5879 | −1.5523 | −0.0884 | 1.2891 |

②代表性意象语意选取

以多元尺度分析得到的数据为基础，进行意象语意的聚类分析，找到代表性语意。通过聚类，将语意样本降至合理数量，便于实验开展，提高实验效率。

聚类进程表                表 6-4

| 步骤 | 群集组合 | | 距离系数 | 首次出现阶群集 | | 下一阶 |
|---|---|---|---|---|---|---|
| | 群集 1 | 群集 2 | | 群集 1 | 群集 2 | |
| 1 | 10 | 13 | 0.262 | 0 | 0 | 16 |
| 2 | 11 | 16 | 0.279 | 0 | 0 | 9 |
| 3 | 23 | 26 | 0.337 | 0 | 0 | 14 |
| 4 | 8 | 18 | 0.722 | 0 | 0 | 23 |
| 5 | 19 | 31 | 0.771 | 0 | 0 | 10 |
| 6 | 27 | 29 | 1.000 | 0 | 0 | 19 |
| 7 | 14 | 17 | 1.061 | 0 | 0 | 21 |
| 8 | 21 | 28 | 1.121 | 0 | 0 | 18 |
| 9 | 11 | 12 | 1.784 | 2 | 0 | 20 |
| 10 | 2 | 19 | 1.838 | 0 | 5 | 24 |
| 11 | 20 | 24 | 2.411 | 0 | 0 | 22 |
| 12 | 5 | 30 | 2.607 | 0 | 0 | 15 |
| 13 | 15 | 22 | 2.659 | 0 | 0 | 24 |
| 14 | 9 | 23 | 3.019 | 0 | 3 | 21 |
| 15 | 5 | 32 | 3.156 | 12 | 0 | 26 |
| 16 | 4 | 10 | 3.270 | 0 | 1 | 17 |
| 17 | 4 | 25 | 3.597 | 16 | 0 | 28 |
| 18 | 1 | 21 | 4.242 | 0 | 8 | 23 |
| 19 | 3 | 27 | 5.049 | 0 | 6 | 25 |
| 20 | 7 | 11 | 5.602 | 0 | 9 | 25 |
| 21 | 9 | 14 | 6.127 | 14 | 7 | 30 |
| 22 | 6 | 20 | 6.395 | 0 | 11 | 26 |
| 23 | 1 | 8 | 6.449 | 18 | 4 | 27 |
| 24 | 2 | 15 | 7.262 | 10 | 13 | 27 |
| 25 | 3 | 7 | 8.794 | 19 | 20 | 29 |
| 26 | 5 | 6 | 9.150 | 15 | 22 | 28 |
| 27 | 1 | 2 | 11.106 | 23 | 24 | 29 |
| 28 | 4 | 5 | 12.892 | 17 | 26 | 30 |
| 29 | 1 | 3 | 13.258 | 27 | 25 | 31 |
| 30 | 4 | 9 | 13.591 | 28 | 21 | 31 |
| 31 | 1 | 4 | 13.898 | 29 | 30 | 0 |

采用系统聚类方法，聚类表反映了聚类过程，个案之间关系密切程度最高（距离最小）的最先合并，然后根据距离系数的大小依次进行合并，如表6-4，第10与13个案最先合并，距离系数为0.262。聚合树状图（图6-3）比较直观地展示了

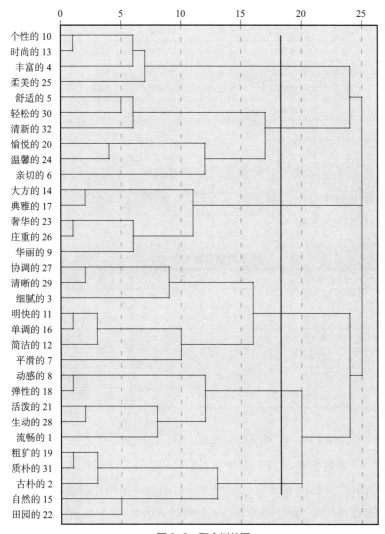

图6-3　聚合树状图

聚合过程，确定分群数量时，要避免单一元素成群，并且每群的元素都不要太多，兼顾群内元素数量均衡。从树状图中所示位置划垂直线，将语意分为 6 群。

感性意象语意分群的具体结果如表 6-5。

意象语意分群　　　　　　　　　　　　表 6-5

| 第一群 | 第二群 | 第三群 | 第四群 | 第五群 | 第六群 |
| --- | --- | --- | --- | --- | --- |
| 个性的 | 舒适的 | 大方的 | 协调的 | 动感的 | 粗犷的 |
| 时尚的 | 轻松的 | 典雅的 | 清晰的 | 弹性的 | 质朴的 |
| 丰富的 | 清新的 | 奢华的 | 细腻的 | 活泼的 | 古朴的 |
| 柔美的 | 愉悦的 | 庄重的 | 明快的 | 生动的 | 自然的 |
|  | 温馨的 | 华丽的 | 单调的 | 流畅的 | 田园的 |
|  | 亲切的 |  | 简洁的 |  |  |
|  |  |  | 平滑的 |  |  |

根据树状图中聚类合并的距离得到 6 个群的代表性样本，分别为个性的、愉悦的、奢华的、明快的、动感的、粗犷的，详情见表 6-6。

代表性意象语意　　　　　　　　　　　表 6-6

| 群号 | 样本数 | 代表语汇 |
| --- | --- | --- |
| 第一群 | 4 | 个性的 |
| 第二群 | 6 | 愉悦的 |
| 第三群 | 5 | 奢华的 |
| 第四群 | 7 | 明快的 |
| 第五群 | 5 | 动感的 |
| 第六群 | 5 | 粗犷的 |

### 6.1.1.5 意象语意实验

经过前期准备，制作实验样本 32 个，得到代表性意象语意 6 个，将两者结合，采用 5 阶的语意评量制作调查问卷。针对每个样本，测量样本符合 6 个语意的程度，测量尺度分为 5 阶，从 1 ~ 5 符合度渐高。问卷见附录 6。

由于调研内容较多，而且样本通过纸质打印来展示也不够清晰，另外，对样本和语意的感知评量需要较为安静的场所，以便被试人员保持稳定的心理状态，无法采用随机街访的方式，所以选择集中会议调研。实验分两次进行，第一次实验人员30名，为本校师生；第二次实验委托设计公司召集设计师11名，客户25名，回收有效问卷30份。两次共回收有效问卷60份。

实验过程中，首先对实验意图进行解释，确保被试者能够准确理解，引导在测试中有的放矢地进行评量；接着，对6个意象语意进行明确，统一被试者的认识；之后进行样本的评量实验。实验采用多媒体设备，将样本投影在屏幕上，被试者根据自身主观感受进行打分，判定样本中材料表面属性所呈现出的空间氛围与测试语意的符合程度，在相应的格子中标记。

实验中，样本共展示三次。首先将32个样本快速展示一遍，这一过程不需要打分，目的在于让被试者建立一个初步的印象，以便提高后续打分的准确性；第二遍展示需要被试进行打分评量，每张图片的展示时间为30s；第三遍样本展示，每张图片时间10s，让被试者对量表进行补充修正。全程时间约为30min。

将问卷数据进行统计，得到被试者对每个样本的意象语意的评价均值，见表6-7。

**样本的意象语意均值**　　　　表6-7

| 样本 | 动感的 | 粗犷的 | 明快的 | 个性的 | 愉悦的 | 奢华的 |
|---|---|---|---|---|---|---|
| 1 | 3.467 | 2.200 | 3.333 | 2.967 | 3.100 | 3.600 |
| 2 | 2.467 | 2.833 | 2.433 | 2.500 | 2.733 | 2.733 |
| 3 | 2.633 | 3.567 | 2.433 | 3.133 | 2.867 | 2.500 |
| 4 | 2.133 | 2.867 | 2.067 | 2.700 | 2.000 | 2.700 |
| 5 | 2.733 | 2.733 | 2.600 | 3.200 | 3.233 | 3.167 |
| 6 | 2.400 | 2.133 | 2.400 | 2.700 | 2.500 | 2.333 |
| 7 | 3.700 | 2.200 | 3.533 | 3.167 | 3.333 | 2.933 |
| 8 | 2.867 | 3.300 | 2.367 | 2.900 | 2.733 | 2.600 |
| 9 | 2.733 | 3.767 | 2.233 | 3.100 | 2.600 | 3.000 |
| … | … | … | … | … | … | … |

### 6.1.2 实验结果分析

#### 6.1.2.1 样本的意象空间分布

将统计所得的样本意象语意结果运用 SPSS 软件进行因子分析。得到 KMO 和 Bartlett 检验结果，见表 6-8。Bartlett 检验的显著性概率值为 0.000，小于 0.05，KMO 检验值为 0.753，说明数据适合做因子分析。

| KMO 和 Bartlett 的检验 | | 表 6-8 |
| --- | --- | --- |
| Kaiser-Meyer-Olkin 度量 | | 0.753 |
| Bartlett 的球形度检验 | 近似卡方 | 120.213 |
| | d$f$ | 15 |
| | Sig. | 0.000 |

通过因子特征陡坡图（图 6-4）可以看出，第三个成分处为明显的拐点，前三个成分的连线较陡，后面连线趋于平缓。结合解释的总方差表（表 6-9），前三个因子累计解释率为 89.434%，效果较好。

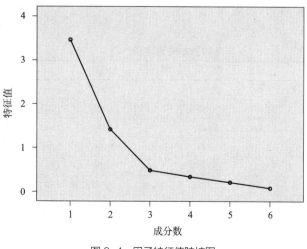

图 6-4 因子特征值陡坡图

**总方差分解表**　　　　　　表 6-9

| 成分序号 | 初始特征值 | | | 提取平方和载入 | | |
|---|---|---|---|---|---|---|
| | 成分特征值 | 方差的 % | 累积 % | 成分特征值 | 方差的 % | 累积 % |
| 1 | 3.462 | 57.702 | 57.702 | 3.462 | 57.702 | 57.702 |
| 2 | 1.418 | 23.631 | 81.333 | 1.418 | 23.631 | 81.333 |
| 3 | 0.486 | 8.100 | 89.434 | 0.486 | 8.100 | 89.434 |
| 4 | 0.340 | 5.663 | 95.096 | | | |
| 5 | 0.213 | 3.552 | 98.648 | | | |
| 6 | 0.081 | 1.352 | 100.000 | | | |

　　将因子数目设定为 3，得到因子载荷矩阵表（表 6-10），以及旋转后的因子载荷矩阵表（表 6-11），经旋转后因子的载荷系数取值更便于分析。

**旋转前的因子载荷矩阵 [a]**　　　　表 6-10

| 意象语意 | 成分 | | |
|---|---|---|---|
| | 1 | 2 | 3 |
| 动感的 | 0.921 | −0.070 | −0.109 |
| 明快的 | 0.911 | −0.302 | −0.160 |
| 愉悦的 | 0.790 | 0.422 | −0.035 |
| 奢华的 | 0.765 | 0.185 | 0.596 |
| 粗犷的 | −0.666 | 0.655 | 0.120 |
| 个性的 | 0.364 | 0.825 | −0.279 |

提取方法：主成分。

a. 已提取了 3 个成分。

**旋转因子载荷矩阵 [a]**　　　　表 6-11

| 意象语意 | 成分 | | |
|---|---|---|---|
| | 1 | 2 | 3 |
| 明快的 | 0.916 | 0.182 | 0.274 |
| 粗犷的 | −0.908 | 0.219 | −0.116 |
| 动感的 | 0.779 | 0.353 | 0.365 |
| 个性的 | −0.079 | 0.934 | 0.107 |
| 愉悦的 | 0.384 | 0.671 | 0.453 |
| 奢华的 | 0.279 | 0.201 | 0.925 |

提取方法：主成分。

旋转法：具有 Kaiser 标准化的正交旋转法。

a. 旋转在 4 次迭代后收敛。

第一个因子包括"明快的""粗犷的""动感的",将其解释为感官评价因子;第二个因子包括"个性的""愉悦的",将其解释为心理评价因子;第三个因子由"奢华的"组成,将其解释为价值评价因子。

将三个因子分别设为 $F_1$、$F_2$、$F_3$,将"明快的""粗犷的""动感的""个性的""愉悦的""奢华的"6 个语意分别设为 $Y_1$、$Y_2$、$Y_3$、$Y_4$、$Y_5$、$Y_6$,根据旋转后的因子载荷可以得出各语意的数学模型,如下:

$$Y_1=0.916F_1+0.182F_2+0.274F_3$$
$$Y_2=-0.908F_1+0.219F_2-0.116F_3$$
$$Y_3=0.779F_1+0.353F_2+0.365F_3$$
$$Y_4=-0.079F_1+0.934F_2+0.107F_3$$
$$Y_5=0.384F_1+0.671F_2+0.453F_3$$
$$Y_6=0.279F_1+0.201F_2+0.925F_3$$

根据因子得分系数矩阵(表 6-12),可以得出各因子的数学表达式,如下:

$$F_1=0.430Y_1-0.485Y_2+0.307Y_3-0.043Y_4+0.036Y_5-0.322Y_6$$
$$F_2=0.070Y_1+0.195Y_2+0.160Y_3+0.759Y_4+0.364Y_5-0.326Y_6$$
$$F_3=-0.182Y_1+0.197Y_2-0.062Y_3-0.318Y_4+0.112Y_5+1.166Y_6$$

因子得分系数矩阵　　　　　　　表 6-12

| 意象语意 | 成分 | | |
|---|---|---|---|
| | 1 | 2 | 3 |
| 动感的 | 0.307 | 0.160 | −0.062 |
| 粗犷的 | −0.485 | 0.195 | 0.197 |
| 明快的 | 0.430 | 0.070 | −0.182 |
| 个性的 | −0.043 | 0.759 | −0.318 |
| 愉悦的 | 0.036 | 0.364 | 0.112 |
| 奢华的 | −0.322 | −0.326 | 1.166 |

提取方法:主成分。

旋转法:最大方差法。

### 6.1.2.2　材料表面属性要素定性分析

（1）材料表面属性要素分解

结合木材表面视觉环境学的相关研究，将实验中材料的表面属性要素确定为色彩、纹理、光泽、粗糙度。

色彩是非常重要的质感要素，而且色彩对感知的影响非常直接，关于色彩的情感研究也较为成熟。木材的色彩来自于构造组织中所含有的各种色素、树脂、树胶、单宁等物质，大多数木材颜色都在 YR（橙）色系内，具有"温暖"和"亲切"感。涂饰对色彩也有所影响，装饰板材经常采用染色、涂饰等工艺获得不同的色彩，特别是浅色木材染色来模仿硬木的做法，在20 世纪二三十年代已经非常流行。染色的做法在木制家具行业中非常普遍，是一种常用的作色手法。在室内装饰板材、木质地板的生产中，染色也得到广泛的应用。

对于木材材色，Beckwith[1]、张翔[2]、佐道健、李坚、刘一星 [3] 等学者以 $L*a*b*$ 颜色空间的测定为基础展开研究。木材颜色的测量有主观测色法和客观测色法两种 [4]，主观测色法是通过将材料与色卡进行比对来标定颜色，客观测色法是利用各种仪器如光度计、色度计等来测定木材颜色。东北林业大学的刘一星、李坚等学者对我国 110 个树种的材色进行研究，覆盖了由浅到深所有的材色范围，包括浅黄白色、黄白色、黄色、黄褐色、褐色、红褐色、灰褐色、黑褐色等，讨论了基于 $L*a*b*$ 颜色空间的分布特征，总结出较为详细的参数范围，"明度指数分布范围较宽（$L*$ 为 30 ~ 90；$V$ 为 2 ~ 8），色品指数和色调值参数分布范围较窄（$a*$ 为 –2 ~ 20；$b*$ 为 0 ~ 30；$H$ 为 2.5R ~ 5Y，多集中在 YR 色调系内），饱和度分布范围不宽（$C^*$ 为 4 ~ 6；$C$ 为 0.8 ~ 6.4）"[5]。在室内装饰中，实木地板的颜色以黄褐色、褐色、红褐色为主；强化地板以及墙体饰面板的颜色由表层的装饰木纹纸决定，材色范围较宽。根据研究目的以及实验限制，本研究采用主观测色法来选择样本

[1] Beckwith Ⅲ J.R. Theory and Practice of Hardwood Color Measurement[J].Wood Sci., 1979（11）: 3.

[2] 张翔等 . 木材材色的定量表征 [J]. 林业科学, 1990（26）: 4.

[3] 刘一星，李坚，徐子才，崔永志 . 我国 110 个树种木材表面视觉物理量的综合统计分析 [J]. 林业科学, 1995, 31（4）: 353-359.

[4] 李坚 . 木材涂饰与视觉物理量 [M]. 哈尔滨: 东北林业大学出版社, 1997.195-211.

[5] 刘一星，李坚，郭明晖，于晶，王缘棣 . 中国 110 树种木材表面视觉物理量的分布特征 [J]. 东北林业大学学报, 1995, 23（1）: 53.

[1] 白雪冰.基于计算机视觉板材表面纹理分类方法的研究[D].哈尔滨：东北林业大学，2006：1-3，44-47.

[2] Ojala T，Pietikinen M，Harwood DA. Comparative Study of Texture Measures with Classification based on Feature Distribution[J]. Pattern Recognition，1996，1（29）：51-59.

[3] Baraldia，Parmiggian F. An investigation of texture characteristics associated with gray level co-occurrence matrix statistical parameters[J]. IEEE Trans. On Geoscience and Remote sensing，1995，33（2）：293-303.

[4] Aksoy S，Haralick R M.Feature normalizetion and likehood–based similarity measure for image retrieval[J].PRL，2001，22（5）：563-582.

[5] 王克奇，石岭，白雪冰等.基于吉布斯-马尔可夫随机场的板材表面纹理分析[J].东北林业大学学报，2006，34（4）：8-9.

[6] 于海鹏，刘一星，刘镇波.木材纹理的定量化算法探究[J].福建林学院学报，2005，25（2）：157-162.

[7] 马岩.利用板材端面纹理判断和识别板材几何参数的数学描述理论[J].生物数学学报，2005，20（2）：245-250.

[8] 白雪冰，王克奇，王辉.基于灰度共生矩阵的木材纹理分类方法的研究[J].哈尔滨工业大学学报，2005，37（12）：1667-1670.

[9] 于海鹏.基于数字图像处理的木材表面纹理定量化研究[D].哈尔滨：东北林业大学，2004：1-3.

[10] 李晋.图像视觉特征与情感语义映射方法的研究[D].太原：太原理工大学，2008：23-24.

[11] 仇芝萍.径向木纹视觉特性研究[D].南京：南京林业大学，2011.

[12] 石岭.基于马尔可夫随机场的木材表面纹理分类方法的研究[D].哈尔滨：东北林业大学，2006：2.

[13] 张中佳，孟庆午.木材表面粗糙度测量技术[J].木工机床，2009（5）：40.

[14] 王洁瑛，李黎.木材表面粗糙度的分析王明枝[J].北京林业大学学报，2005，27（1）：14-18.

材料。结合装饰材料中常用的色彩，将实验所用的颜色选定为黄白色、黄色、褐色、红褐色四种代表性色彩。

木材纹理主要是由于导管、管胞、木纤维、射线薄壁组织等细胞排列所造成的[1]，在木材的加工过程中，不同的切削方式产生3种典型的纹理，即径切纹理、弦切纹理、横切纹理。径切纹理主要表现为近乎平行的条形带状花纹，弦切纹理表现为抛物线状花纹，横切纹理呈现为同心圆状花纹。

在木材表面纹理方面，国外学者增田捻首先展开对木材纹理的研究，Ojala T、Pietikinen M[2]、Baraldia[3] Haralick[4]等国外学者在纹理识别技术进行了研究，东北林业大学王克奇[5]、刘一星[6]、马岩[7]、白雪冰[8]、于海鹏[9]等学者采用计算机图像处理技术和建立数学模型的方法来探索木材纹理特征。Lin、Chile等人对纹理特征的情感问题进行了探索[10]。南京林业大学硕士研究生仇芝萍应用感性工学理论，从视觉心理量与视觉物理量的角度，对高仿真印刷径向木纹、人工模拟径向木纹几何形态方面的视觉特性进行了研究[11]。目前，随着模式识别技术的发展，新的纹理分析算法如灰度共生矩阵分析法、随机场分析法、分形几何学分析法等[12]，为纹理研究提供了新的方法和前景。

本研究对纹理的形状、均匀性、周期性等特征不采用精确的参数提取，根据研究目的，按照纹理方向的差异将纹理分为径切纹理、弦切纹理、特殊纹理（包括了横切纹理、团状纹理、交错纹理、螺旋纹理等）三个类别。

粗糙度是对材料表面光滑平整程度的界定，是指材料表面较小间距和峰谷所组成的微观几何形状特征。木材的表面粗糙度是由加工方法、刀具、机床、切削方向等加工因素，以及木材的材质及纹理方向所决定的[13][14]。在空间中对材料粗糙度的感知，在此分为三个层次：光滑、略粗、粗糙，主要通过在渲染软件中对贴图及渲染参数的控制来模拟。

光泽度是材料表面对光线反射能力的物理量。木材是多孔性材料，表面细胞切断后产生无数个微小凹面，吸收光线的同时具有柔和的漫反射效果。并且，"平行纹理方向光线正反射量较大，垂直纹理方向正反射量较小，垂直于纤维方向入射条件下所测量得到的曲线相对于平行入射情况要平缓得多，未经涂饰的木材在不同方向的光泽曲线差别明显，经涂饰后这种差别降低"[1]。陈潇俐、潘彪[2]、何拓、罗建举[3]对红木类木材表面光泽度的分布特征进行了研究。于海鹏[4]、刘一星[5]对透明涂饰后木材的光泽度变化规律进行了探讨，指出木材经透明涂饰处理后表面光泽度明显提高。漆饰是室内材料光泽度的重要影响因素，油漆的种类、漆膜的厚度以及抛光、亚光、打蜡等处理工艺，是材料获得光泽度的重要因素。本研究中将材料的光泽度主要分为亮光、亚光之分，主要通过对软件参数的控制来模拟光泽度效果。

在材料表面属性要素分解过程中，没有采用木质环境学研究中常用的视觉物理量定量表征的方法，而是采用了较为主观的分类方法，在此进行说明。

首先，在认知风格与模式上存在明显差别。在木质家具、地板等领域中，关于色彩、纹理、粗糙度、光泽度的研究，对要素的一致性、均匀性要求非常严格，这直接关系到产品的质量、价格和企业效益，需采用图像处理技术和模式识别技术进行精确分类与研究。

而在室内环境中，材料的视觉评量较为关注材料表面呈现的总体状态，两者之间在认知风格上存在根本性的区别。产品中的材料知觉专注于材料自身，用内在线索进行判断，不易受外界环境，即视场线索的影响，是一种独立于场的认知模式。而环境中的材料知觉判断则不仅限于材料自身，还会受到周边环境和使用条件的影响，即依赖外界视场中的线索进行判断，是一种依存于场的认知模式[6]。

[1] 于海鹏，刘一星，刘迎涛.国内外木质环境学的研究概述 [J].世界林业研究，2003，16（6）：21.

[2] 陈潇俐，潘彪.红木类木材表面材色和光泽度的分布特征 [J].林业科技开发，2006，20（2）：29-32.

[3] 何拓，罗建举.20 种红木类木材颜色和光泽度研究 [J].林业工程学报，2016，1（2）：44-48.

[4] 于海鹏，刘一星，罗光华.聚氨酯漆透明涂饰木材的视觉物理量变化规律 [J].建筑材料学报，2007，10（4）：463-468.

[5] 刘一星，李坚，于晶，郭明晖.透明涂饰处理前后木材表面材色和光泽度的变化 [J].家具，1995（3）：3-5.

[6] 任杰，金志成，龚维娜.场认知方式与外显内隐记忆的关系研究 [J].心理科学，2009，32（5）：1103-1105.

[1] 于海鹏，刘一星，刘镇波. 应用心理生理学方法研究木质环境对人体的影响 [J]. 东北林业大学学报，2003，31（6）: 71.

[2] 杨公侠，郝洛西. 视觉环境的非量化概念 [J]. 光源与照明，1999（1）: 6.

[3] 于海鹏，刘一星，刘镇波，张显权. 基于改进的视觉物理量预测木材的环境学品质 [J]. 东北林业大学学报，2014，32（6）: 41.

在室内环境氛围研究上，将材料置于具体的空间环境中进行感受，对材料的空间感知会受到光照强度、光源色温、环境光反射、阴影关系、视线高度和角度、观看距离、人的位置及运动情况等因素的影响，而诸多的实验室条件下的物理量检测以及心理生理学方法测定却非常精细微妙 [1]，轻微的变化对数值的影响都非常大。同济大学杨公侠教授也指出，尽管每种条件都以物理因素为基础，但"专注于视觉环境的物理条件量化研究已不能有效证明、理解和最终创造这些环境的视觉特征" [2]。采用严格实验条件下测得的微观尺度上的精确的材料表面属性参数，在宏观的空间环境下则缺乏直接性与适应性，所以本研究选择常用的大致区间范围来进行分类，重点考察材料表面属性在空间中的宏观表现。

其次，在实验方法上，木质环境学相关研究中，实验是以木材样本为基础通过视觉物理量的精细测定对木材表面视觉环境学特性进行分析，进而推及整体环境中木材的环境学品质。目前，这种方法比较科学严谨，但也并非完美。

比如，涉及尺度问题，一小块深褐色的木质地板样本可以让人感受到庄重、典雅、平静，而地面满铺深褐色地板则会有沉重、压抑的空间感受，这在环境心理评测中可以轻易地得到验证。反映出木材样本的环境学特性推及大的环境尺度中并非完全吻合，仅仅是作为一种实验手段对材料的环境学品质进行预测。于海鹏、刘一星、刘镇波、张显权等学者在研究中非常严谨地指出"视觉物理量和视觉心理量之间的相关关系十分必要，利用它们相关性所建立的回归预测方程也才能有其理论基础。视觉物理量的直接测取变得越来越简单易行，而关于视觉心理感觉和环境学品质的评价却依然较难施行……利用本方法，可实现从具有代表性和完整性的物理量出发去直接预测其心理量结果" [3]。

这在生活经验中也可以体会到。比如，装饰材料市场产品琳琅满目，以墙砖为例，各种样板都在墙上统一展示，但却很难看出档次差别，感受不到空间效果，只有在卖场中做出一块小展示区，将墙砖铺满，才可以感受出空间品质。有的瓷砖单独看一块样板，纹理饱满丰富，装饰效果非常漂亮，但在地面上满铺之后，则显得特别花哨凌乱。一块布料小样与做成衣服在视觉品质上也存在很大差异。这都反映了由于尺度层次的变化，样本对环境学品质的预测还是存在一定问题。本实验也存在这种尺度层次差异较大的问题，而且研究对象是整体空间氛围，所以，在实验中未采取视觉物理量的精细测定手段。而且限于实验条件，无法建立诸多真实的实验空间，只能采用虚拟建模的方式，涉的参数转化为软件中的材质与渲染控制参数。

材料表面属性要素的提取情况如表6-13。$X1$、$X2$、$X3$、$X4$分别代表表面属性要素项目，数字1、2、3、4、5代表项目中不同的类目属性，共计4个项目，10个类目。

<table>
<tr><td colspan="5" align="center">材料表面属性要素分析表　　表6-13</td></tr>
</table>

| 项目 | 类目 | | | |
|---|---|---|---|---|
| | 1 | 2 | 3 | 4 |
| 色彩 $X1$ | 黄白色 | 黄色 | 褐色 | 红褐色 |
| 纹理 $X2$ | 径切纹理 | 弦切纹理 | | |
| 光泽度 $X3$ | 亮光 | 亚光 | | |
| 粗糙度 $X4$ | 光滑 | 粗糙 | | |

（2）样本表面属性元素编码

根据材料表面属性要素的项目与类目，对32个实验样本进行表面属性要素编码。编码规则是采用0、1进行赋值，在每一个项目中，样本特征所对应的类目赋值为1，其他类目赋值0。这类虚拟变量须按一定规则设置才能满足线性回归条件，如果有 $n$ 个水平，那么需要设置 $n-1$ 个虚拟变量，选出一个变量来做参照，虚拟变量全为0时为这个参照变量。根据对质感要素的分析，共需要对4个项目10个类目进行考察，在每一个项目中添加一个类目作为参照，代表不符合前述特征的"其他"类目。在颜色项目中，区别于黄白色、黄色、褐色、红褐色的颜色归做其他类；在纹理中，一些特殊纹理比如横切纹理、团状纹理、交错纹理、螺旋纹理等归做其他类；在光泽度、粗糙度项目中，通过对虚拟空间渲染参数的调整，选取一个中间值作为其他类。具体的样本变量编码情况见表6-14。

样本表面属性要素编码表　　　　　　　表 6-14

| 样本 | $X11$ | $X12$ | $X13$ | $X14$ | $X21$ | $X22$ | $X31$ | $X32$ | $X41$ | $X42$ |
|---|---|---|---|---|---|---|---|---|---|---|
| 1 | 0 | 0 | 1 | 0 | 0 | 1 | 1 | 0 | 1 | 0 |
| 2 | 0 | 0 | 1 | 0 | 0 | 1 | 0 | 1 | 1 | 0 |
| 3 | 0 | 0 | 1 | 0 | 0 | 1 | 0 | 1 | 0 | 0 |
| 4 | 0 | 0 | 1 | 0 | 0 | 0 | 0 | 1 | 1 | 0 |
| 5 | 0 | 0 | 0 | 1 | 0 | 1 | 0 | 1 | 1 | 0 |
| 6 | 0 | 0 | 0 | 1 | 0 | 0 | 0 | 1 | 1 | 0 |
| 7 | 1 | 0 | 0 | 0 | 0 | 1 | 0 | 1 | 1 | 0 |
| 8 | 0 | 0 | 0 | 0 | 0 | 1 | 0 | 1 | 1 | 0 |
| 9 | 0 | 0 | 1 | 0 | 1 | 0 | 0 | 1 | 0 | 1 |
| … | … | … | … | … | … | … | … | … | … | … |

### 6.1.2.3　空间氛围与表面属性要素法则构建

对室内空间环境氛围与材料表面属性要素法则的构建采用数量化Ⅰ类方法。数量化Ⅰ类方法可以用于研究感性意象与表面属性要素之间的关系，室内空间环境氛围的感性意象为定量变量，样本的表面属性要素编码为分类变量。

将室内材料样本的意象语意作为因变量，材料表面属性要素的类目作为自变量，进行多元回归分析，观察散点图，排除部分绝对值大于2的异常样本，拟合回归模型，建立两者之间的关联，得到材料表面属性要素与感性语意的类目得分

（表 6-15、表 6-16）。

类目得分代表了各表面属性要素与意象语意的相关程度，有正值和负值，正值代表对该意象有正面影响，负值代表对该意象有负面影响，得分的绝对值大小说明了对该语意的影响程度。

感性意象语意的表面属性要素类目得分 1　　　　　　　　　表 6-15

| 项目 | 类目 | 愉悦的 | | 粗犷的 | | 明快的 | |
|---|---|---|---|---|---|---|---|
| | | 类目得分 | 偏相关系数 | 类目得分 | 偏相关系数 | 类目得分 | 偏相关系数 |
| 色彩（X1） | X11 | 0.567 | 0.627 | −0.208 | 0.782 | 0.845 | 0.915 |
| | X12 | 0.511 | | 0.145 | | 0.352 | |
| | X13 | 0.134 | | 0.267 | | 0.066 | |
| | X14 | 0.186 | | 0.358 | | −0.150 | |
| 纹理（X2） | X21 | 0.803 | 0.573 | −0.201 | 0.316 | 0.844 | 0.784 |
| | X22 | 0.774 | | −0.104 | | 0.566 | |
| 光泽度（X3） | X31 | 0.482 | 0.636 | −0.361 | 0.719 | 0.509 | 0.874 |
| | X32 | 0.007 | | 0.063 | | −0.200 | |
| 粗糙度（X4） | X41 | −0.093 | 0.207 | −0.804 | 0.931 | 0.200 | 0.834 |
| | X42 | −0.187 | | 0.086 | | −0.314 | |

感性意象语意的表面属性要素类目得分 2　　　　　　　　　表 6-16

| 项目 | 类目 | 个性的 | | 动感的 | | 奢华的 | |
|---|---|---|---|---|---|---|---|
| | | 类目得分 | 偏相关系数 | 类目得分 | 偏相关系数 | 类目得分 | 偏相关系数 |
| 色彩（X1） | X11 | 0.625 | 0.832 | 0.478 | 0.897 | 0.035 | 0.306 |
| | X12 | 0.584 | | 0.235 | | −0.049 | |
| | X13 | 0.233 | | −0.234 | | −0.100 | |
| | X14 | 0.691 | | −0.514 | | −0.100 | |
| 纹理（X2） | X21 | −0.084 | 0.165 | 0.912 | 0.727 | 0.343 | 0.386 |
| | X22 | −0.050 | | 0.667 | | 0.286 | |
| 光泽度（X3） | X31 | 0.079 | 0.719 | 0.658 | 0.752 | 0.027 | 0.629 |
| | X32 | −0.250 | | 0.167 | | −0.314 | |
| 粗糙度（X4） | X41 | −0.483 | 0.627 | 0.167 | 0.807 | 0.486 | 0.618 |
| | X42 | −0.466 | | −0.395 | | 0.265 | |

[1] 吴珊.家具形态元素情感
化研究 [D].北京:北京林
业大学,2009:83.

[2] 吴珊.家具形态元素情感
化研究 [D].北京:北京林
业大学,2009:83

决定系数是复相关系数的平方值,代表了数量化 I 类分析结果的可信度,决定系数越大因变量与自变量之间的线性相关程度越高,说明了模型的拟合性较好[1]。一般情况下,该值大于 0.7 时,分析结果有效,可以采纳。在本研究中(表 6-17),决定系数最小的为 0.709,最大值为 0.936,所有感性意象语意的分析值都大于 0.7,说明各表面属性要素的类目得分有较高的可信度。

**感性意象语意相关系数表** 表 6-17

| 意象语意 | 常数项 | 复相关系数 | 决定系数 |
| --- | --- | --- | --- |
| 愉悦的 | 1.953 | 0.842 | 0.709 |
| 粗犷的 | 3.341 | 0.963 | 0.928 |
| 明快的 | 2.000 | 0.968 | 0.936 |
| 个性的 | 3.200 | 0.866 | 0.750 |
| 动感的 | 2.034 | 0.949 | 0.901 |
| 奢华的 | 2.627 | 0.865 | 0.748 |

项目的偏相关系数用于解释该项目在意象语意中的影响大小,偏相关系数的计算方法[2] 如下:以"愉悦的"为例,对项目 $X1$、$2$、$3$、$4$ 进行回归分析的决定系数为 0.709;对项目 $X2$、$3$、$4$ 进行回归分析的决定系数为 0.520;对项目 $X1$、$3$、$4$ 进行回归分析的决定系数为 0.567;对项目 $X1$、$2$、$4$ 进行回归分析的决定系数为 0.511;对项目 $X1$、$2$、$3$ 进行回归分析的决定系数为 0.696;那么 $X1$ 的偏决定系数为(0.709-0.520)/(1-0.520)= 0.394,偏相关系数为 0.627;$X2$ 的偏决定系数为(0.709-0.567)/(1-0.567)= 0.328,偏相关系数为 0.573;$X3$ 的偏决定系数为(0.709-0.511)/(1-0.511)=0.405,偏相关系数为 0.636;$X4$ 的偏决定系数为(0.709-0.696)/(1-0.696)= 0.043,偏相关系数为 0.207。

同样的方法,可以计算出"粗犷的""明快的""个性的"

"愉悦的""奢华的"这些意象语意的各个项目的偏相关系数，具体数值见表 6-15、表 6-16。

对于"愉悦的"这一意象语意，纹理的两个类目分值是这里面最大的，说明纹理对该语意的影响程度最高。而且径切纹理相比弦切纹理更具愉悦意象，但两者差距不大，也就是说无论木材纹理如何，都具有较高的愉悦感，所以纹理的区分在感性分值测算中的影响相对较小。材料的色彩与光泽度在意象分值测算中影响较为明显。黄白色与黄色在几种受测色彩中，更倾向具有愉悦意象，而褐色与红褐色对愉悦意象则具有消极作用，说明浅色倾向于具有愉悦意象，深色反之。亮光对愉悦意象具有显著加强作用，亚光的影响则非常小。粗糙度对愉悦感的判断影响最小，光滑表面相比粗糙表面具有略高的愉悦意象。"愉悦的"意象语意得分最高的要素组合为黄白色＋径切纹理＋亮光＋光滑。

对于"粗犷的"这一意象语意贡献最高的是材料的粗糙度，粗糙表面对判断具有清晰的加强作用，光滑表面具有明显的减弱作用。颜色越深越倾向具有粗犷意象；纹理的影响最小，弦切相较径切纹理更具粗犷意象；亮光对粗犷意象表现出明显的削弱作用，亚光对粗犷意象具有加强作用。"粗犷的"意象语意得分最高的要素组合为红褐色＋弦切纹理＋亚光＋粗糙。

对于"明快的"这一意象语意贡献最高的是材料的色彩，说明对样本进行"明快的"感性判断时，材料的色彩起到主要作用；黄白色在几种受测色彩中颜色最浅，而且具有明显的明快意象，颜色越深，明快意象减弱。纹理的两个类目分值都比较大，对明快感影响明显，径切相比弦切纹理更具明快意象。亮光对明快意象表现出显著的加强作用，亚光对明快意象具有明显的削弱作用；光滑表面对明快意象判断具有积极作用，粗糙表面则具有清晰的减弱作用。"明快的"意象语意得分最高的要素组合为黄白色＋径切纹理＋亮光＋光滑。

对于"个性的"这一意象语意贡献最高的是材料的色彩。在测试的四个色彩中，最浅的黄白色和最深的红褐色对个性的影响较大，也就是说颜色越偏向极端，越具有个性意象。红褐色在几种受测色彩中，更倾向具有个性意象。测试样本中没有选取精美的特殊花纹，在实验结果中看出，径切和弦切纹理对个性的影响，都不显著，而且两者差别较小，相比来说，弦切纹理比径切纹理更具个性意象。亮光对个性意象判断表现出加强作用，亚光表现出明显的削弱作用。粗糙度对个性判断具有清晰的削弱影响，而且光滑和粗糙两者之间差别较小。"个性的"意象语意得分最高的要素组合为红褐色＋弦切纹理＋亮光＋粗糙。

对于"动感的"这一意象语意，影响最大的是材料的色彩，四种颜色中，黄白色、黄色具有正向影响，褐色、红褐色具有负向影响，而且色彩越浅越具有动感，反之，颜色越深动感意象越弱。纹理的两个类目得分在其中最高，说明纹理对动感影响显著，但径切和弦切的系数相差不大。亮光和亚光对动感具有正向影响，亮光较为显著，亚光不太明显。光滑表面对动感意象判断具有加强作用，粗糙表面倾向于减弱动感意象。"动感的"意象语意得分最高的要素组合为黄色＋径切纹理＋亮光＋光滑。

对于"奢华的"这一意象语意，从类目得分来看，纹理和粗糙度两个项目的分值相对较高，色彩的分值较低。从类目得分以及偏相关系数的测试结果来看，色彩的影响较小，其中，黄白色的得分略高，褐色与红褐色得分略低。径切纹理相比弦切纹理更具奢华意象，但两者差距不明显。亮光对奢华意象具有积极作用，亚光对奢华意象具有明显的削弱作用；粗糙表面和光滑表面都可以产生奢华感，光滑比粗糙有更大的影响。"奢华的"意象语意得分最高的要素组合为黄白色＋径切纹理＋亮光＋光滑。

　　从各意象词汇类目得分的总体情况来看，色彩与纹理的分值相对较大，对感性词汇的语意测量有较大的贡献量。

　　从偏相关系数分析，色彩在"明快的""个性的""动感的"这三个意象语意评价中影响最大，在"愉悦的""粗犷的"语意评价中也排在第二位。对于纹理，虽然在"愉悦的""明快的""动感的"三个语意的类目得分中排在首位，但两种纹理的分值差别却最小，偏相关系数最小，说明纹理的区别对语意判断的影响较小。

　　另外，从偏相关系数分析，在"愉悦的""明快的""个性的"意象语意中，色彩与光泽度影响较大；在"动感的""粗犷的"意象语意中，色彩与粗糙度影响较大；在"奢华的"意象语意中，光泽度与粗糙度影响较大。结合对意象语汇的因子分析结果，在心理评价因子中，色彩与光泽度影响较大；感官评价因子中，色彩与粗糙度影响较大；在价值评价因子中，光泽度与粗糙度影响较大。

　　根据表 6-15、表 6-16、表 6-17 中的统计结果，可以建立材料表面属性要素与空间氛围意象语意的数学模型，常数项代表了回归直线截距，各类目得分为自变量的回归系数。

　　"明快的""粗犷的""动感的""个性的""愉悦的""奢华的"6 个意象语意分别设为 $Y_1$、$Y_2$、$Y_3$、$Y_4$、$Y_5$、$Y_6$，具体的回归方程如下：

$$Y_1 = 0.854X_{11} + 0.352X_{12} + 0.066X_{13} - 0.150X_{14} + 0.844X_{21} + 0.566X_{22}$$
$$+ 0.509X_{31} - 0.200X_{32} + 0.200X_{41} - 0.314X_{42} + 2.000$$

$$Y_2 = -0.208X_{11} + 0.145X_{12} + 0.267X_{13} + 0.358X_{14} - 0.201X_{21} - 0.104X_{22}$$
$$- 0.361X_{31} + 0.063X_{32} - 0.804X_{41} + 0.086X_{42} + 3.341$$

$$Y_3 = 0.478X_{11} + 0.235X_{12} - 0.234X_{13} - 0.514X_{14} + 0.912X_{21} + 0.667X_{22}$$
$$+ 0.658X_{31} + 0.167X_{32} + 0.167X_{41} - 0.395X_{42} + 2.034$$

$$Y_4 = 0.625X_{11} + 0.584X_{12} + 0.233X_{13} + 0.691X_{14} - 0.084X_{21} - 0.50X_{22}$$
$$+ 0.079X_{31} - 0.250X_{32} - 0.483X_{41} - 0.466X_{42} + 3.200$$

$$Y_5=0.567X_{11}+0.511X_{12}+0.134X_{13}+0.186X_{14}+0.803X_{21}+0.774X_{22}$$
$$+0.482X_{31}+0.007X_{32}-0.093X_{41}-0.187X_{42}+1.953$$

$$Y_6=0.035X_{11}-0.049X_{12}-0.100X_{13}-0.100X_{14}+0.343X_{21}+0.286X_{22}$$
$$+0.027X_{31}-0.314X_{32}+0.486X_{41}+0.265X_{42}+2.627$$

### 6.1.3 实验结果验证

#### 6.1.3.1 验证步骤

为检验数量化Ⅰ类分析结果的可信度，选择一定的新样本进行实验验证。

验证的具体步骤如下：

样本选择——问卷调研实验——数据统计——特征分解——根据回归方程计算数值——配对样本 $t$ 检验——分析。

将通过感性评量实验得到的语意均值和利用回归方程得到的语意计算值，进行配对样本 $t$ 检验。若显著性水平数值小于 0.05，表示两个结果之间具有显著差异，说明两个结果不相符，回归方程准确率不高；若显著性水平数值大于 0.05，则说明两个结果相符，回归方程准确率较高。

#### 6.1.3.2 验证实验

样本选择条件与正式实验一致，共选择 8 个样本用于验证，样本详情见表 6-18。

对验证样本进行意象语意实验，由于样本数目小，调研内容较少，可以采用街头调查的方式进行。问卷见附录 7。

验证样本　　　　　表 6-18

| 样本编号 | 样本图片 | 样本编号 | 样本图片 |
| --- | --- | --- | --- |
| 1 | | 2 | |

续表

| 样本编号 | 样本图片 | 样本编号 | 样本图片 |
|---|---|---|---|
| 3 | | 6 | |
| 4 | | 7 | |
| 5 | | 8 | |

共完成有效问卷 20 份，对数据进行统计分析，得到验证样本的感性语意评价均值，见表 6-19。

验证样本的意象语意均值　　　　　　　　表 6-19

| 样本 | 愉悦的 | 粗犷的 | 明快的 | 个性的 | 动感的 | 奢华的 |
|---|---|---|---|---|---|---|
| 1 | 3.550 | 1.950 | 3.150 | 3.600 | 3.450 | 3.750 |
| 2 | 2.450 | 4.050 | 2.200 | 3.350 | 2.100 | 3.100 |
| 3 | 2.700 | 2.850 | 2.450 | 2.800 | 2.950 | 3.100 |
| 4 | 2.950 | 3.050 | 3.000 | 2.550 | 2.850 | 3.050 |
| 5 | 3.400 | 2.300 | 3.750 | 3.050 | 3.400 | 3.500 |
| 6 | 3.350 | 2.200 | 3.350 | 3.100 | 3.650 | 2.800 |
| 7 | 3.100 | 2.450 | 2.500 | 3.400 | 3.000 | 3.400 |
| 8 | 3.500 | 2.100 | 3.750 | 3.250 | 3.450 | 2.900 |

对验证样本进行表面属性要素编码，编码规则同正式实验相同，验证样本的表面属性要素编码见表 6-20。

验证样本表面属性元素编码表　　　　表 6-20

| 样本 | $X11$ | $X12$ | $X13$ | $X14$ | $X21$ | $X22$ | $X31$ | $X32$ | $X41$ | $X42$ |
|---|---|---|---|---|---|---|---|---|---|---|
| 1 | 0 | 0 | 0 | 1 | 1 | 0 | 1 | 0 | 1 | 0 |
| 2 | 0 | 0 | 0 | 1 | 0 | 1 | 0 | 1 | 0 | 1 |
| 3 | 0 | 0 | 1 | 0 | 0 | 1 | 0 | 1 | 1 | 0 |
| 4 | 0 | 0 | 1 | 0 | 1 | 0 | 0 | 1 | 1 | 0 |
| 5 | 0 | 1 | 0 | 0 | 0 | 1 | 1 | 0 | 1 | 0 |
| 6 | 0 | 1 | 0 | 0 | 1 | 0 | 0 | 1 | 1 | 0 |
| 7 | 0 | 0 | 0 | 1 | 1 | 0 | 0 | 1 | 1 | 0 |
| 8 | 1 | 0 | 0 | 0 | 1 | 0 | 0 | 1 | 1 | 0 |

　　将编码表中相应数值代入材料表面属性要素与意象语意的数学模型，可以计算出验证样本的感性意象语意值（表 6-21）。

语意计算结果　　　　表 6-21

| 样本 | 愉悦的 | 粗犷的 | 明快的 | 个性的 | 动感的 | 奢华的 |
|---|---|---|---|---|---|---|
| 1 | 3.331 | 2.333 | 3.403 | 3.403 | 3.257 | 3.383 |
| 2 | 2.733 | 3.744 | 1.902 | 3.125 | 1.959 | 2.764 |
| 3 | 2.775 | 2.763 | 2.632 | 2.65 | 2.801 | 2.985 |
| 4 | 2.804 | 2.666 | 2.91 | 2.616 | 3.046 | 3.042 |
| 5 | 3.627 | 2.217 | 3.627 | 3.33 | 3.761 | 3.377 |
| 6 | 3.181 | 2.544 | 3.196 | 2.967 | 3.515 | 3.093 |
| 7 | 2.856 | 2.757 | 2.694 | 3.074 | 2.766 | 3.042 |
| 8 | 3.237 | 2.191 | 3.689 | 3.008 | 3.758 | 3.177 |

### 6.1.3.3　结果分析

将实验值和计算值进行配对样本 $t$ 检验。

（1）通过表 6-22 可以看出，意象语意的计算和实验两组数值之间的相关系数除"奢华的"（0.563）之外，其余均大于 0.8，显著性水平也只有"奢华的"（0.146）大于 0.05。表明除"奢华的"之外，其他 5 个意象语意的两组数值都具有显著的相关性。其中，"明快的""粗犷的""动感的"三个语意的相关系数大于 0.9，显著性水平小于或接近 0.001，相关性最为显著，说明模型在感官认知因子上可信度最高。而"奢华的"两组数值之间相关性不显著。

成对样本相关系数　　　　　　　　　表 6-22

|  |  | 样本数 | 相关系数 | Sig. |
|---|---|---|---|---|
| 对 1 | 愉悦的计算值 & 愉悦的实验值 | 8 | 0.835 | 0.010 |
| 对 2 | 粗犷的计算值 & 粗犷的实验值 | 8 | 0.925 | 0.001 |
| 对 3 | 明快的计算值 & 明快的实验值 | 8 | 0.945 | 0.000 |
| 对 4 | 个性的计算值 & 个性的实验值 | 8 | 0.816 | 0.013 |
| 对 5 | 动感的计算值 & 动感的实验值 | 8 | 0.921 | 0.001 |
| 对 6 | 奢华的计算值 & 奢华的实验值 | 8 | 0.563 | 0.146 |

（2）表 6-23 中反映了 6 个意象语意两组数值的成对样本检验结果，显著性水平均大于 0.05，可以接受原假设，两组数值之间没有显著差异。其中，两组数值差异最小的是"动感的"，计算统计量 $t=0.019$，显著性水平检验值 $P=0.985$；差异最大的是"个性的"，计算统计量 $t=-1.669$，显著性水平检验值 $P=0.139$。

成对样本检验　　　　　　　　　　　　　　　　　　　　　　　　表 6-23

|  |  | 成对差分 | | | | | $t$ | $df$ | Sig.（双侧） |
|---|---|---|---|---|---|---|---|---|---|
|  |  | 均值 | 标准差 | 均值的标准误 | 差分的 95% 置信区间 | | | | |
|  |  |  |  |  | 下限 | 上限 | | | |
| 对 1 | 愉悦的计算值 - 愉悦的实验值 | −0.057 | 0.220 | 0.078 | −0.241 | 0.127 | −0.734 | 7 | 0.487 |
| 对 2 | 粗犷的计算值 - 粗犷的实验值 | 0.033 | 0.296 | 0.105 | −0.215 | 0.281 | 0.316 | 7 | 0.761 |
| 对 3 | 明快的计算值 - 明快的实验值 | −0.012 | 0.198 | 0.070 | −0.177 | 0.153 | −0.174 | 7 | 0.867 |
| 对 4 | 个性的计算值 - 个性的实验值 | −0.116 | 0.196 | 0.069 | −0.280 | 0.048 | −1.669 | 7 | 0.139 |
| 对 5 | 动感的计算值 - 动感的实验值 | 0.002 | 0.244 | 0.086 | −0.202 | 0.205 | 0.019 | 7 | 0.985 |
| 对 6 | 奢华的计算值 - 奢华的实验值 | −0.092 | 0.267 | 0.094 | −0.315 | 0.131 | −0.976 | 7 | 0.362 |

（3）通过表 6-24 可以看出，验证样本的计算和实验两组数值之间的相关系数除样本 4（0.439）之外，其余均大于 0.8，显著性水平也只有样本 4（0.384）大于 0.05。表明除样本 4 之外，其他 7 个样本的两组数值都具有显著的相关性；其中，样本 1、2、5、6 的相关系数大于 0.9，显著性水平小于或等于 0.01，相关性最为显著。而样本 4 两组数值之间相关性不显著。

成对样本相关系数　　　　　　　　　表 6-24

|  |  | 样本数 | 相关系数 | Sig. |
|---|---|---|---|---|
| 对 1 | 样本 1 计算值 & 样本 1 实验值 | 6 | 0.944 | 0.005 |
| 对 2 | 样本 2 计算值 & 样本 2 实验值 | 6 | 0.952 | 0.003 |
| 对 3 | 样本 3 计算值 & 样本 3 实验值 | 6 | 0.827 | 0.042 |
| 对 4 | 样本 4 计算值 & 样本 4 实验值 | 6 | 0.439 | 0.384 |
| 对 5 | 样本 5 计算值 & 样本 5 实验值 | 6 | 0.919 | 0.010 |
| 对 6 | 样本 6 计算值 & 样本 6 实验值 | 6 | 0.937 | 0.006 |
| 对 7 | 样本 7 计算值 & 样本 7 实验值 | 6 | 0.897 | 0.015 |
| 对 8 | 样本 8 计算值 & 样本 8 实验值 | 6 | 0.909 | 0.012 |

（4）表 6-25 中反映了 8 个验证样本两组数值的成对样本检验结果，显著性水平均大于 0.05，可以接受原假设，两组数值之间没有显著差异。其中，两组数值差异最小的是样本 6，计算统计量 $t=0.078$，显著性水平检验值 $P=0.941$；差异最大的是样本 2，计算统计量 $t=-1.792$，显著性水平检验值 $P=0.133$。

（5）通过对意象语意、样本分别进行配对样本 $t$ 检验，总体来看，回归模型的可信度较高。其中，对于感官评价因子的三个语意——"动感的""明快的"、"粗犷的"，两组数值之间的相关性最大，差异值最小，说明实验得出的回归模型在感官评价因子上的可信度要高于其他两个因子。也有可能是因为实验自身限制，采用图片作为实验样本展示形式，在感官评价上相比其他两个因素更加容易。

成对样本检验　　　　　　　　　　　　　　　　　表 6-25

| | | 成对差分 | | | | | t | d*f* | Sig.（双侧） |
|---|---|---|---|---|---|---|---|---|---|
| | | 均值 | 标准差 | 均值的标准误 | 差分的 95% 置信区间 | | | | |
| | | | | | 下限 | 上限 | | | |
| 对 1 | 样本 1 计算值 - 样本 1 实验值 | −0.057 | 0.300 | 0.122 | −0.372 | 0.258 | −0.463 | 5 | 0.663 |
| 对 2 | 样本 2 计算值 - 样本 2 实验值 | −0.171 | 0.233 | 0.095 | −0.415 | 0.074 | −1.792 | 5 | 0.133 |
| 对 3 | 样本 3 计算值 - 样本 3 实验值 | −0.041 | 0.137 | 0.056 | −0.185 | 0.103 | −0.725 | 5 | 0.501 |
| 对 4 | 样本 4 计算值 - 样本 4 实验值 | −0.061 | 0.199 | 0.081 | −0.270 | 0.148 | −0.752 | 5 | 0.486 |
| 对 5 | 样本 5 计算值 - 样本 5 实验值 | 0.090 | 0.223 | 0.091 | −0.144 | 0.324 | 0.986 | 5 | 0.369 |
| 对 6 | 样本 6 计算值 - 样本 6 实验值 | 0.008 | 0.242 | 0.099 | −0.246 | 0.261 | 0.078 | 5 | 0.941 |
| 对 7 | 样本 7 计算值 - 样本 7 实验值 | −0.110 | 0.286 | 0.117 | −0.410 | 0.190 | −0.945 | 5 | 0.388 |
| 对 8 | 样本 8 计算值 - 样本 8 实验值 | 0.018 | 0.249 | 0.102 | −0.243 | 0.279 | 0.181 | 5 | 0.864 |

## 6.1.4　实验小结

本节以木质家居空间环境为样例，通过实验探讨了材料表面属性对空间环境氛围的影响。通过数量化 I 类方法，建立材料表面属性要素与空间氛围感性语意的数学模型，得出表面属性要素的细分类目在感性意象语意上的权重值，有助于设计师在氛围营造时的材料择用判断。从类目得分情况来看，色彩与纹理的分值相对较大，对感性词汇的语意测量有较大的贡献量。从偏相关系数分析，在心理评价因子中，色彩与光泽度影响较大；感官评价因子中，色彩与粗糙度影响较大；在价值评价因子中，光泽度与粗糙度影响较大。经验证，该模型可靠性较高，其中，在感官评价因子上的可信度要高于其他两个因子。

上述实验能够拓展到不同类型的空间环境，以及不同的空间主材，可以作为设计方法的探索、设计评价的依据，是对环境氛围营造的一种量化考查办法，具有一定的应用和推广价值。

另外，必须指出，该实验可以作为一种设计和评价方法，但具有一定的局限性。首先，实验具有一定的主观性，在语意与样本采集、实验样本数量、实验人群等方面仍需要优化；在实验条件上，没有采用真实的空间场景，而采用图片样本，会对数据有一定影响，在结果分析中也可以看到，在感官评价方面要比心理评价与价值评价更加可靠。

## 6.2 材料表现因素的氛围营造策略

空间环境由物质实体围合与界定而成，材料起到直接或者辅助营造氛围的作用。材料可以是营造氛围的主体，也可以作为辅助手段。风格、造型、色彩也是氛围营造的重要手段，但这些要素最终还是要依托物质手段才能得以完成和体现。材料的表面属性、技术性、材料搭配、结构性能、外观形态和组织规则对氛围效果都具有正向影响，下面主要从表面属性、技术性、材料搭配、结构性能四个方面对材料的氛围表现策略展开探讨。

### 6.2.1 表面属性的氛围营造策略

表面属性对氛围的影响最大，是材料表现的内在因素，氛围感受主要来源于对材料表面属性的认知经验。前述实验，以木质家居空间环境为例，对空间氛围与表面属性各要素之间的关系进行了研究，为营造空间氛围提供了基本的方法和策略，这一研究方法也适用于其他类型的材料。

在空间氛围的营造过程中，应充分调动表面属性的各个因素，从材料的色彩、质地、纹理、光泽、粗糙度这些基本因素着手，来创建恰当的空间氛围。

（1）材料色彩

空间设计中，材料的色彩使用有两种主要方式：一是主张使用材料本身的色彩，真实地表达材料原真的面貌，特别是对于自然材料来讲；二是根据空间氛围的需要，进行色彩的选择或调整，可以通过油漆、染色等表面处理方式。

室内装修中常采用对墙体进行色彩喷涂的做法，如将混凝土砖表面刷白色乳胶漆就较为常见，改变混凝土砖表面的阴冷平淡的质感效果，减弱其重量感；将带有建筑模板痕迹的混凝土顶棚喷上灰色或者其他色彩，减弱对顶棚的视觉关注度（图 6-5）。

另外，大量人工材料是可以直接在制作环节就进行色彩配置的，比如塑料、树脂等高分子合成材料。塑料常常以鲜艳的色彩示人，其自身没有明显的表面肌理，便通过色彩来表现。

图 6-5　深色涂料的顶棚

单单考虑色彩对人的情感影响，在色彩学的研究中较为深入，具有相应色彩的材料对空间氛围的影响也是相同的。色彩作为一种非常直接的视觉语言，对人的心理、情感具有明显的影响，不同的色彩具有不同的情感特征。

当人们看到某一种色彩时，会引起心理上的某些反应，并产生联想。色彩的象征意义与心理联想会受到年龄、性别、性格、文化、教养、职业、民族、宗教、地域、生活环境、风俗习惯、时代背景、生活经历等各方面因素的影响。色彩的联想有具象联想和抽象联想两种。具象联想指的是人们看到某个色彩后，会联想到现实生活中或大自然中某些相关的事物，比如红色会使人联想到朝霞、鲜血，绿色会联想到森林、绿地等具体事物。抽象联想指人们看到某个色彩后，在心理上产生的情感和象征意义，比如人们看到白色，则可能联想到纯洁、朴实、典雅等抽象的事物。

色彩可以给人不同的心理感受。红色给人温暖、兴奋、活泼、热情、积极、热闹、喜庆、充实、幸福等向上的心理感受，但同时也具有危险、暴力、威胁等象征；橙色可以引发光明、温暖、华丽、甜蜜、喜欢、兴奋、冲动等感受；黄色给人以光明、迅速、活泼、轻快的感觉，也常用作做警示的颜色，比如室外作业的工作服、警示牌、交通信号灯等；绿色象征生命、朝气、青春、和平、安详、新鲜等；蓝色可以带给人们沉静、冷淡、理智、高深、深邃等感受；紫色具有神秘、高贵、优美、庄重、奢华的气质，有时也感孤寂、消极；黑色的心理特征为坚硬、沉默、厚重、绝望、严肃等；白色常给人以光明、纯真、高尚、恬静等感觉。

色彩具有冷暖感。色彩学上根据心理感受，把颜色分为暖色调、冷色调和中性色调。色彩本身并无冷暖之分，是人们看到色彩后，引起冷暖的心理联想。当我们看到红、橙、黄等暖色时，往往会联想到太阳、火焰或喜庆热烈场面，并产生一种温暖、热烈、危险等感觉；看到绿、青、紫等冷色时，会联想到月光、冰雪、海水、树林，并产生凉爽、寒冷、平静等感觉。

色彩除了心理、感觉上对人的影响之外，对人的生理也有一定的影响。红色能够刺激和兴奋神经系统，常用于礼品包装，尤其是婚庆等喜事方面；橙色也是刺激性很强的颜色，还能诱发食欲，快餐店和水果店常用橙色装修；黄色可以刺激神经和消化系统，加强逻辑思维，能让人感到温暖、轻快，并增加食欲；绿色有益消化，能消除疲劳，镇定精神，促进身体机能平衡，一些药品的包装也常以绿色为主导；蓝色能降低血压，减慢脉搏，调整体内平衡，消除紧张情绪；紫色对运动神经、淋巴系统和心脏系统有抑制作用，可使人安静。

色彩可以改变物体的距离感，使人感觉进退、凹凸、远近的不同。色彩的距离感与物体的色相、明度有关，一般情况下，在同一视距条件下，暖色系和明度高的色彩具有向前、凸出、接近的感觉，而冷色系和明度较低的色彩具有后退、凹进、远离的感觉。室内空间设计中常利用色彩的这一特点去改变人们对空间大小的感知。

色彩可以调整人们对物体尺度感的判断，主要通过色相和明度两个因素来实现。暖色和明度高的色彩具有扩散作用，因此物体显得大，而冷色和暗色则具有内聚作用，因此物体显得小。在室内空间中，可以充分利用界面、陈设的色彩组织与变化，调整人们对室内尺度、体积和空间的感受，使室内各部分之间关系更为协调。

另外，通过调整色彩的明度和纯度，还可以调整空间的重量感，明度高的，有轻飘、不稳定的感觉；明度低会产生厚重、稳定的感觉。明度和纯度高色彩的显得轻快，如桃红、浅黄色，这在室内设计的中也常用于空间氛围的平衡和协调。

人们对色彩的感知，在色彩学的研究中已经非常充分，可以直接借鉴相关研究，在此不赘述。

从设计的价值观来看，采用材料自身的色彩，因为真实性，多被视为现代设计的一个准则，受到设计师的尊崇。特别是对于木材、石材、竹藤、砖、土等自然材料，在设计中可以最大限度地利用其本身色彩，而对于人工合成材料，如混凝土、塑料、织物、玻璃皮革等，可以根据氛围需要进行色彩上的搭配。这在设计的价值观上是一种令人信服的策略。

（2）材料质地

质地包含了硬度、温度、弹性、韧性、粗糙度、轻重、干湿度等要素。

材料的质地感受跟材料的种类直接相关，如木材与石材在硬度、温度、弹性、韧性、轻重等方面具有截然不同的质地感受。同时，质地与表面处理状况也直接相关，比如凹凸、糙滑、粗细等触觉感受。

人在成长过程中，不断地通过各种感官认识世界，并建立对材料质地的深刻感知。材料自身的质地感受是根深蒂固的，这对空间氛围的影响至关重要。

在建筑中，石材给人以坚固、稳定、厚重、力量等感受，与人们对建筑的安全预期很吻合。在室内空间中，牢固与安全作为缺省因素不作为思考重点，更为关注细腻、丰富、多样的情感变化，根据场所氛围的变化，所需材料随之调整，木材、织物、玻璃、砖等都是常用材料。

表面处理所产生的材料的凹凸、糙滑、粗细等触觉感受，可以作为氛围调整的因素。比如带有乡村、怀旧情感特征的空间中，常会采用刻意做旧的方法处理材料，在材料表面故意留下虫孔、锉刀痕、撕裂痕、敲打痕、马尾痕、露筋等，呈现出木材粗糙的表面状况，造成一种质朴的感觉。

（3）材料肌理

肌理是材料表面的图案、纹理与形式的表现。

室内常用的材料中，以木材、石材的纹理最为丰富多样，同时也更具表现力，能够带给人自然、亲切、宁静、安稳等氛围感受。同时，纹理上的差别也会有不同的心理感受，比如木材弦切纹理比径切纹理更显得自然与亲切，瘿木纹理（图6-6）常在空间内饰中传达奢华高贵的气质。

图6-6　瘿木纹理内饰

室内空间中人造材料非常多，像砖、混凝土、玻璃、塑料等材料，其表面肌理完全取决于材料加工工艺，表面肌理相对匀质；而瓷砖、织物这些材料，有着丰富的肌理选择，肌理也常常是影响人们选购的重要因素。瓷砖重在纹理，瓷砖常常模仿石材的自然纹理，但需要注意的是其纹理不能太花哨、太清晰，在整面拼贴的时候会给人眼花缭乱的感受，这里面也有尺度的问题，单看每块瓷砖还很漂亮，但拼装在一起效果却不见得让人满意，虚假的感受较为明显。织物重在图案，自然的、几何的、写实的、写意的、独立的、连续的……图案多种多样，丰富多彩。

混凝土不仅能做功能结构材料，也可以做装饰材料。比如装饰混凝土轻型挂板，也称为再造石，在这方面张宝贵是领军人物，中国历史博物馆、钓鱼台国宾馆、北京国际会议中心、国家大剧院、奥运场馆、首都机场等重大工程中都使用了他的产品。轻型混凝土装饰挂板质量轻、强度高，不仅在生产过程中节约资源，还降低了制品对于建筑承载的要求，给建筑提供更大的选择空间。

张宝贵大师用纤维增强水泥的方法把混凝土装饰挂板做薄、做轻、做大、做特殊，同时始终坚持紧跟建筑的需要，不断在材料表面性状上创新，满足建筑师和工程项目需要，创作出独特的质感和肌理效果。

国家大剧院音乐厅（图 6-7）采用了 164 件 3420mm×2260mm 的混凝土装饰挂板作为吊顶，每件形态各不相同，并且每件成品的对角误差要求小于 2mm，制品最大起伏 480mm，制品平均厚度 24mm，每件重量大约为 800kg，整个吊顶有100 多吨。设计师安德鲁特别强调它的光影效果和声响效果，整体看去像海浪或者褶皱的绒布。

图 6-7　国家大剧院音乐厅

　　屈培青设计的贾平凹文化馆（图6-8），外立面的混凝土挂板采用了直线条绒，在宽窄上有丰富变化，颜色采用黄色，跟西北地区黄土地貌一致。挂板表面粗粝的横向条绒肌理，与夯土建筑在岁月冲刷风化后留下的感受颇似，在日光下装饰效果很强，展现出了建筑的厚重感、历史感，达成了建筑的纪念性。

　　张锦秋大师设计的西安大明宫丹凤门（图6-9），色调上选择了黄土的颜色，根据考古资料，唐代城墙大部分为夯土制作，在制作墙板的表面肌理时做到形神兼备，很好地契合了历史的风貌。

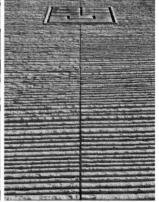

图6-8　贾平凹文化馆

图6-9　西安大明宫丹凤门

（4）材料光泽度

光泽同样可以作为调整空间氛围的要素。

涂料或油漆都有亚光和亮光之分。亚光表面的反射光是"漫反射"，没有眩光，不刺眼，给人以稳重、素雅、柔和的感觉。亮光则表面光洁，反射光是镜面反射，有眩光，具有简洁、时尚、清新、明快的气息。

亮光漆（图6-10）的色彩选择较广，颜色鲜亮，给人一种饱满鲜艳、丰满度高的色彩体验。亮光漆表面反光度高，光线清晰明亮，但大面积使用有光污染的可能性，会产生强反光，干扰人的视觉，容易产生视觉疲劳。亚光漆（图6-11）表面反光率低，光线模糊不明显，视觉效果柔和。

图6-10　亮光漆家具

材料的光泽度对于空间光环境很重要，特别是对于采光不太好的空间，可以适当多采用亮光漆、亮光砖等材料，增强空间的光反射效果。

室内设计发展的历史中也曾出现过强调材料光泽度的流派——光亮派，也称银色派，追求新型材料的表现，以及精密细致及光亮的空间效果，室内大量采用镜面、玻璃、不锈钢、磨光花岗石和大理石等反射率较高的材料；在室内环境照明上，利用投射、折射等手法，在金属和镜面材料的烘托下，形成光彩照人、绚丽夺目的室内环境，追求反射与光影的丰富变化。

图6-11　亚光漆家具

（5）其他方面的策略

另外，表面属性对氛围的营造着重强调以下几个方面的策略：

1）加强材料的文化氛围体验

材料不但具有自然的质感，同时还具有强烈的文化印记，在人类文明和历史进程中有着不可磨灭的作用。

在空间中，材料表面属性传达了一定的历史意蕴、地域风情和文化氛围。粉墙黛瓦代表了中国传统江南水乡的空间风貌（图6-12），斑驳霉化的墙面映衬了建筑的岁月沧桑，独有

图 6-12　宏村风景

图 6-13　失修的萨伏伊别墅

一份恬淡宁静之韵。而在现代建筑中，年久失修的萨伏伊别墅（图 6-13），白色墙面只剩下破败与凄凉的场景。

　　西方的文化语境下，五彩玻璃透露出教堂的神秘庄严，而在东方，则不具有此类氛围体验。在当下常见的家装潮流中，东南亚风情的室内常用竹藤材料，而在中国文化下，空间中竹材的运用，不仅只是参考其力学或者装饰性能，还表达了对竹文化的强烈寄托，不论是"梅、兰、竹、菊"四君子，"松、竹、梅"岁寒三友，还是中通外直、宁折不屈的高尚品格与气节，"宁可食无肉，不可居无竹。无肉使人瘦，无竹使人俗"，在诗词歌赋、书画作品中，也是常见的描绘对象。竹子在我国是一种经典的文化符号，带给人的文化氛围的体验远远超过了其在结构和装饰性能上所具有的特征。在室内空间中，自然的绿竹、竹竿、竹装饰图案、竹藤家具、竹木地板、竹饰品都得以广泛使用（图 6-14）。

　　从材料表面属性的视觉审美跃升到文化属性的体验，可以有效摆脱对材料物质层面美学感知的限制和束缚，在更深层次的文化和精神层面去感受材料，大大提升空间氛围的品质。在表面属性的处理上，应促进人们对历史的、地域的、文化的联想，唤起对情境氛围的深层次文化体验。

图 6-14　竹材的运用

2）突出触觉层面的感知

"触觉是所有感觉的基础"，触觉在人类的空间认知行为中具有重要的基础作用。对于一种新材料来讲，脱离了触觉和人的早期触觉经验，是无法真正得到认知的，比如水立方体育馆的外墙围护材料——乙烯-四氟乙烯共聚物（ETFE）（图 6-15），具有强度高、耐腐蚀、半透明、自洁性等优点，但若非亲自触摸，很难形成对它的正确感知。

安藤忠雄将混凝土打造成细腻精致、绵密均质的表面效果，甚至展现出一种宗教式的绝美静谧的空间氛围，将材料的表面属性升华到氛围体验。柯布西耶的粗犷混凝土在拉图雷特修道院（图 6-16）中展现出质感与空间氛围的完美契合，混凝土的质朴厚重与苦行僧式的精神修炼相一致；而同样的表面属性，在马赛公寓中则遭到强烈抵制，混凝土的粗野冷漠、厚重沉闷

图 6-15　水立方　　　　　　图 6-16　拉图雷特修道院

与家庭的温馨氛围格格不入。

触觉感知和体验，是对视觉感知的补充，材料视觉属性的丰富性已经在历史中得到充分认可，而触觉方面的感知还有待广泛深入。室内空间中，材料与人距离更近，接触更多，关系更加亲密，触觉的体验更加细腻丰富。在家具与陈设上，触觉感知也常作为重要的设计要素（图6-17），在材料选择上，质感突出、层次丰富的材料能够强化人的感知记忆。在室内界面材料的表面属性上，应该促进触觉体验的感知，突出触觉对氛围营造的作用。

图6-17　注重触觉设计的家具

3）注重材料表面属性在时间向度上的表现力

材料暴露在环境之中，随着时间推移，材料表面属性会受到空气、光、水分、温度、风、真菌等因素的影响而产生风化和侵蚀，材料表面性状会在各种物理、化学和生物作用下发生破坏和改变。

面对材料的风化问题，有两种策略：一种是尽可能减少和延缓风化；一种是合理利用风化的影响。在设计之初的选材和建造时，便充分考虑到时间轴上材料表面的丰富变化。

宾夕法尼亚大学戴维·莱瑟巴罗教授在《论风化：时间中的建筑生命》中讨论了人对建筑的使用行为以及自然的风化作用对建筑表面带来的影响[1]。

拉斯金认为："经历过四五百年风风雨雨的建筑物才值得尊敬和赞美，这些建筑最大的荣耀不是在它的是石材中，也不是在它镶嵌的黄金中，而是在它度过的岁月沧桑中。"莫里斯

[1] Mohsen Mostafavi, David Leatherbarrow. On Weathering: The Life of Buildings in Time[M]. Cambridge, Massachusetts: The MIT Press, 1993.

认为，在古建筑修复过程中，应该能够清晰地识别出原有的和新添加的位置，尽可能保留古建原有的模样。

追求永恒是人类的夙愿。美蒂奇曾言："如果我的建筑不能永存，那就应该把我从历史史册中删除。"而任何一种材料都无法避免岁月的侵蚀，像花岗石、大理石、黄金这样的最能够抵抗风化侵蚀的材料，则被认为是最贵重的建筑材料。直到现在，当我们看到希腊雅典神庙和古罗马建筑的遗址，仍然能够感受到壮丽和沧桑的历史感。

柯布西耶早期洁白的国际式建筑，白色的粉刷墙面在仅仅数十年之后便已经破败不堪，材料的风化对建筑产生了毁灭性的打击，柯布西耶晚期的作品，在材料上转向了传统的材料和较为粗糙的表面。

现代材料中，类似不锈钢、钛金属板等材料也传达了对材料耐久性和抗风化、抗老化的追求。材料科学家门投入大量的财力和精力研究对抗材料的风化和老化问题，以帮助空间效果保持一种稳定性和连续性。

比如为了保持立面清洁，利用荷叶表面超疏水以及自洁的特性研发的自洁性涂料，分为超疏水自洁涂料和超亲水自洁涂料。超疏水自洁涂料是指水落在该材料表面，水滴接触角大于 $10°$，从外观上看水在该材料表面会形成水珠，如果是在立面上，水珠会在重力的作用下滚落。超亲水自洁涂料是指水落在该材料表面，水滴接触角小于 $10°$，从外观上看水在该材料表面不会形成水滴而是水膜。另外，超亲水材料跟水的亲和力远大于跟灰尘以及其他脏污的亲和力，所以在下雨或水冲的情况下会优先跟水结合，将脏污从超亲水自洁涂层分离开，达到立面自洁的目的。

合理利用材料的风化和老化，也是常用的一种营造环境氛围的策略。

赖特曾说："自然，在经过挖掘之后，将成为建筑的装饰品"，主要指向材料在时间向度上的变化。以铜板为例，使用几

图 6-18　雷马赫尔兹住宅

年之后，便会产生斑驳的绿色铜锈，在界面上带来丰富的色彩层次，同时显现出岁月的痕迹。安妮特·纪贡（Annette Gigon）与迈克·古耶尔（Mike Guyer）建筑师事务所设计的雷马赫尔兹住宅加建项目（图 6-18），使用的混凝土预制板里添加了铜和石灰石，铜的氧化使得混凝土表面犹如蒙上一层绿色薄雾，这一效果经雨水冲刷变得更为鲜明，展现了材料在时间向度上的表现魅力。

在圣本尼迪克教堂（Sogn Benedetg Chapel，1988 年）（图 6-19）中，卒姆托则通过展现材料的风化过程强化了人们对于时间的感知体验。卒姆托用落叶松制成木瓦作为建筑的覆层材料，木瓦暴露在自然环境之中，在岁月的洗礼下不断老化，在建筑的不同方向，木瓦由于日照和风雨侵蚀的强度差异而展现出不同的老化进程，材料带来了建筑在时间体验上的丰富性。

图 6-19　圣本尼迪克教堂

室内空间中，材料表面属性在时间向度上的影响也常被用来营造怀旧、质朴、自然的氛围感受。

一种是仿古材料，比如仿古瓷砖、仿古墙砖、瓦片、青砖、涂料、木材做旧等，虽为新作，但在表面属性的处理上刻意营造出古朴典雅的效果（图 6-20）。另一种是旧建筑材料或建筑

图 6-20　木材做旧室内　　　　　　　　　　图 6-21　旧建筑构件装饰的室内

构件（图 6-21），本身已经饱含了岁月的痕迹，经拆解、修复和重组，在新的环境中展现出历史底蕴和价值。

4）材料表面属性的模仿

建筑材料在表面属性上的模仿行为非常普遍，通常是空间氛围营造的需要。由于结构、施工工艺、场地、经济性等诸多方面因素的限制，这种模仿行为渐渐成为一种常规操作。

以下两个案例在材料判断上存在误导。从材料表面属性来看，图 6-22 为碎石文化墙面，图 6-23 为木质框架座椅。然而实际上左图为树脂材料装饰板，右图中的木质框架实为印刷木纹的金属材料。当触摸这些材料时，往往会感到惊奇，并有一种受欺骗的感受。

　　　　　　　　图 6-22　仿石材树脂装饰板　　　　　　　　　　图 6-23　木纹金属家具

人们很容易接受瓷砖、墙砖模仿石材的纹理，这其中已经不存在欺瞒问题，所有人都知道这不是真正的石材。而且，瓷砖的纹理是否接近自然效果也常作为瓷砖优劣的评价标准之一。

真石漆（图 6-24）是一种常用的室内外墙体装修的仿石材涂料，装饰效果酷似大理石、花岗石等石材，主要原料是各种颜色的天然石粉。真石漆是外墙干挂石材、瓷砖贴面的最佳替代品，特别是在高层建筑中，能够大量减少石材、瓷砖脱落带来的安全隐患，而且，更易于在建筑外墙保温材料上直接施工。同时真石漆还具有防火、防水、耐酸碱、耐污染、无毒、无味、粘结力强、不褪色等特点，能有效地阻止外界恶劣环境对建筑物侵蚀，延长建筑物的寿命。

图 6-24　真石漆效果

表 6-26 中所示的石材、木材、砖，其实都不是真实的，而是一种 MCM 仿真装饰材料。

MCM 种类　　　　　　　　　　　　　　　　表 6-26

| MCM 种类 | 材料样本 | | |
| --- | --- | --- | --- |
| 柔性石材 | | | |
| 仿文化石 | | | |

| MCM 种类 | 材料样本 |
|---|---|
| 仿木纹 | |
| 劈开砖 | |

　　柔性石材以水泥、彩砂、石材粉末、改性泥土、天然矿物颜料、高分子聚合物及助剂等为主要原料，经特定工艺生产而成，具有天然石材肌理和纹路并有一定柔性，是一种新型饰面材料。随着技术的发展，可以仿做木、皮、石、砖、布、金属等多种纹理和颜色，也可个性定制。这种复合材料也称为"MCM"。

　　虽然是一种"虚假"的模仿材料，但是具有诸多优势。肌理丰富，效果逼真；自重轻，具有安全优势，适合作为高层建筑和外墙外保温系统的外墙饰面材料，克服了陶瓷砖、马赛克等易脱落伤人的安全隐患；施工方便，不扬尘，无污染，可以直接粘贴在基层上，具有柔性，可以适合曲面形态；性能上耐酸碱耐冻融，抗震，抗裂，与外墙外保温体系相容性很好；同时还具有节能减排、环保优势。

　　在室内装饰中，还存在大量的材料模仿现象，比如木质装饰板材中，大量采用具有各种木纹的三聚氰胺贴面板作为表层面板。实木家具中也常采用低等木材进行作色模仿高档木材的做法。采用染色剂将浅色木材染成红褐色，用低等的木材模仿高档硬木，这种做法在购买者不知情的情况下被视为一种欺诈做法，以次充好；另一方面，这种做法可以节约珍贵木材，用速生材模仿优质木材的效果，可以认为是一种较为生态的做法。

所以在保证消费者充分了解的情况下，这便是一种对生态环境有益的做法。在室内装饰材料中也常采用这种作色方法，将墙板、木地板等材料进行作色，获得更为高端的室内效果，比如大宝漆就有专门的木制产品着色系列，格丽斯、擦色剂、色精等，将木质基底处理干净，然后进行擦色或修色，再喷涂底漆，方便实用，木纹立体层次感强。

在目前的丰裕社会条件下，对材料装饰性的追求愈加强烈，但是否需要对这种仿制材料进行价值判断、以什么标准和依据进行判断，仍需要综合衡量。路斯正是针对 19 世纪和 20 世纪之交伪饰盛行的状况提出其"饰面的律令"。

对材料表面属性的模仿会造成对材料的误读，往往是用层次较低的材料模仿较好的材料，在空间氛围营造上起到积极作用，但仍需要对这些做法在环保、节约资源、安全性、结构和施工性能、经济性等多方面综合衡量其必要性。

比如，前面提到的印刷木纹的金属椅子，虽然也具有一定经济性，但在其他方面完全没有价值，这种做法就不值得提倡。

### 6.2.2 技术性的氛围营造策略

技术是氛围表现的坚强后盾。密斯曾说过："当技术实现了它的真正使命，它就升华为艺术。"[1] 纵观现代空间设计发展历程，新材料、新结构、新设备这些技术上的进步，推动了设计的蓬勃发展，种种的空间设计观念背后无不渗透着技术因素，氛围的营造也离不开技术的推动。

材料作为空间的物质基础，其中必然蕴含着大量的技术问题，因此，技术性因素对于空间氛围营造有着基础作用。另外，现代空间的发展走向多元，注重技术表现已经成为一种非常重要的设计思潮，其空间往往带有新潮、前卫、精致、典雅的氛围感受。

19 世纪中叶之前的空间多以历史风格为中心，在钢筋混

[1] 马丁·波利，诺曼·福斯特.世界性的建筑 [M]. 北京：中国建筑工业出版社，2004.

凝土、钢结构、玻璃等材料和结构技术的发展推动下，现代空间观念得以形成，空间摆脱了历史主义和形式主义的窠臼，对空间的氛围体验可以通过空间、材料、技术等因素实现。

密斯的"少就是多"，简约、精致、典雅的空间氛围，完全依靠精美的大理石、通透的大幅面玻璃、优雅的钢柱来传达。西格拉姆大厦集中反映了密斯技术主义的建筑观，外观采用全玻璃幕，选用了一种茶色吸热玻璃，设计中努力暴露结构的真实性，表现技术美，在暴露的钢构件外面包上铜皮，体现结构金属材料的质感。

极少主义（Minimalism）室内设计通过各种技术将设备、构造等一切多余的东西隐藏起来，只留下氛围纯净唯美的空间，并辅以精美的材料质感来调和视觉效果。

技术不单是空间氛围表现的幕后英雄，同时，技术也可以作为表现内容凸显在前端。高技派（High-tech Style）的空间设计更是在美学上极力表现新技术，构件采用装配化、标准化生产，方案采用参数设计和系统设计，将空间视为一部精密的设备，将技术作为表现内容，给人以工业质感和技术美学体验，追求新奇、兴奋、时尚、先锋的氛围感受。

注重材料表面属性上的技术创新，在新材料、加工工艺、表面处理工艺、施工技术等方面，用技术来协调空间氛围的需求，不失为一种有效的发展策略。

比如对材料透明度的处理方面，光纤混凝土具有半透明的效果，从而一改混凝土沉闷厚重的空间体验；电控调光玻璃可以在透明和磨砂效果之间切换，不仅在功能上带来很大的便利，对于空间氛围营造同样具有十分积极的作用。

青岛某商场中的苹果手机商店（图6-25），采用近10m高、2m宽的巨幅玻璃作为外立面，这种超大幅面的玻璃，给人造成一种强烈的视觉冲击，材料背后体现了在玻璃制备、施工以及结构方面的强大技术，从而与其全球最著名的科技公司的身份相匹配。

3D打印技术可以轻松地实现复杂的三维空间形态（图6-26），非线性设计的连续流动的形体采用常规的材料以及加工技术很难完成，而3D打印技术的创新可以使之成为现实，其空间形态让人们感到惊奇的同时又深深地被技术所震撼。

图6-25 苹果手机店面　　图6-26　WATG设计的3D打印住宅
——"曲线的诱惑"

### 6.2.3 材料搭配的氛围营造策略

室内空间中的所有界面都需要材料来围护，材料搭配必不可少，是营造空间氛围的重要手段。

在材料搭配时，空间氛围常作为主旨。"温暖宜居"作为居室的基本氛围，木材、织物、皮革最为贴合；办公空间的简约大方最适合采用瓷砖、玻璃、白墙；酒店大堂最适合采用优质大理石、金属、玻璃、镜面来营造富丽堂皇的氛围……

在空间设计中，还经常需要先给空间定一个氛围基调，后续的设计与选材都要服从于这一基调。素雅宁静的空间更倾向于自然材料，热烈欢愉的空间更倾向于使用玻璃、金属等工业材料，同时，在材料色彩上也需要相应的配合。

可用于室内装饰的材料有成千上万种，常用的材料也有几百种，材料的搭配变化非常丰富，几无定式，而且非常规的搭配还常常具有新奇的表现效果。

在材料搭配的氛围营造策略上，以下三个方面可以考虑：

（1）多重要素的搭配

材料搭配不仅体现在种类上，更要注重在形态、尺度、表面属性等多个因素上的综合搭配，在组合方式和表现效果上具有丰富的组合，是重要的搭配策略，能够更好地服务于空间氛围营造。在多要素的搭配过程中，要充分考虑美学的基本规律，注重主次关系、和谐统一、节奏韵律、比例尺度等。

比如，双色系的家具产品设计（图6-27），在色彩上作出明显的区分；即便是同一种木材，也可以在横竖向纹理上进行搭配组织（图6-28），这都是在材料的表面属性上进行细节变化。

（2）追求强对比效果

在材料搭配上，不要过于拘泥，室内空间设计注重宏观尺度上的整体协调性，容忍度较高，在搭配上可以追求大胆、新奇、夸张甚至冲突等强对比的视觉和触觉效果，增加空间的氛围体验。

图6-29的餐桌将木材的温润质感与环氧树脂的光滑细腻结合在一起，在触感、色彩、纹理上都形成了鲜明的对比效果，给人以耳目一新的感受。图6-30所示的空间环境中，砖墙的粗糙、木板的质朴与天然、地毯的蓬松柔软、陶制品的光滑细腻，质感层次丰富，对比效果强烈，但却很好地形成了温馨的装饰空间。

图6-27　双色系家具

图6-28　横竖纹理搭配的
　　　　橱柜

图6-29　木材与环氧树脂制作的餐桌

图6-30　材料质感对比
　　　　强烈的室内环境

[1] [美] 阿恩海姆著. 艺术与
视知觉 [M]. 滕守尧，朱疆
源译. 成都：四川人民出版
社，1998.

[2] 张篙. 图底关系在建筑空
间研究中的应用 [J]. 新建
筑，2013（3）：150.

[3] 李向伟. 图—底关系散论
[J]. 南京艺术学院学报，
2004（2）：18-22.

（3）图底关系的处理

"图底"是视觉心理学研究中的专业术语，在格式塔审美心理学中得到深入研究 [1]，是空间氛围感知的一对基础范畴，在视觉和空间设计领域得到广泛应用。

图底关系简单言明是"图形、背景和轮廓的相互关系" [2]。知觉对象中容易被感知的部分常作为图形，一般比较突出、鲜明，在视觉中相对较小或较封闭的区域、相对规律或有秩序感的对象、容易辨识和"有意义"的对象通常视为图形，视觉中其他部分作为背景来衬托图形 [3]。

图底关系研究可以用于空间场景中的感觉图示研究，将整个空间场景作为一张图形，其中，视线聚焦的明显的元素容易被看作图形，除了中心图形以外的元素容易被看作背景。另外，图底关系也常用作空间虚实关系的讨论中，也常用于讨论物质实体与它所占据空间和场所的相互关系。

图 6-31 就是一个简单的图底关系的例子，两张图片都清晰地展现了大矩形中的小方格，左边图片是在白色矩形背景上有一块灰色方格，右边的图片灰色矩形中带有一个白色方格。左边图片可以清晰的认为是白色矩形为背景，灰色方格为图形；右边图片的图底关系则会根据人的经验和认知惯例有所差别。

图 6-31　图底关系示例

　　在材料搭配上，图底关系是非常重要的原则。材料搭配和
组织要注重空间层次，根据氛围以及对材料的知觉判断，对前
景、中景和背景多个层次用不同的材料来表达。图 6-32 中的
左图，白色的乳胶漆界面是空间的底，大尺度的原木板条可以
视为空间中的图形。右图中的客厅，木质电视背景墙可以作为
图形，空间中白色和灰色的界面作为背景；如果单从电视背景
墙来分析，电视黑色玻璃面板是图形，木质背景墙则成为背景；
从整体环境的角度来分析，可以将电视作为前景，木质背景墙
作为中景，白色和灰色空间作为背景。由此也可以看出，图底
关系是一个相对的概念，在不同的尺度中可以有多层次的、多
角度的分析。

　　材料搭配上注重图底关系这一策略也常用于旧空间改造中
（图 6-33）。借助原有空间中保存尚好的具有历史感、年代感
的空间界面，多为砖石材料，将其视为空间背景，在内部结合

图 6-32　图底关系明确的室内环境

图 6-33　旧空间改造中的图底关系

功能进行改造，加入的现代感比较强的形态和材料，比如玻璃、钢架、塑料等，可以视为空间场景中的图形，两者之间形成很好的对比和融合。

对图底关系的理解和运用，可以用来解决目前室内空间中的材料滥用问题。优质、精美、昂贵的材料，更加适合作为图形，而不是背景。好的材料如果大面积使用，处理不好图底关系，则容易沦落成背景，对空间的视觉控制力和氛围影响反而减弱，是一种材料的浪费，这是目前室内设计中存在大量奢华装修、材料滥用的一个重要原因。精心布置材料的层次关系、位置关系、形态关系，小而精地使用优质材料，更多地让其在空间中被感受为"图"而不是"底"。

（4）挖掘材料搭配的地域和文化性

虽然传统材料的种类有限，在世界各地都很普及，用法也很接近，但在材料搭配使用的过程中，仍然可以找到一些清晰的地域和文化特征，具有独特的空间氛围特色。

"出砖入石"，是闽南民居一种独特的砌墙方式（图6-34），利用形状各异的石条、石块、红砖、瓦砾、碎石交错叠砌，穿插组合，筑墙、起厝、铺埕，呈现出方正、古朴、拙实之美。这种"出砖入石"的做法始于明代，是当地居民就地取材、"废物利用"的创举。

图6-34　闽南民居砖石厝

图 6-35　牟氏庄园"虎皮墙"

胶东沿海地区多为沿海丘陵，盛产石材，当地石材砌筑工艺精湛。栖霞牟氏庄园中的著名的"虎皮墙"（图 6-35），随形就色，拼花造墙，红、黄、棕、白、青五色混搭，色彩斑斓，石墙平整如镜，石缝细如线。

### 6.2.4　结构性能的氛围营造策略

材料结构同样具有表现性，能够影响人们对空间氛围的感知。一般情况下，好的结构能够带给人积极的空间认知，感受到结构的精巧、组织的精妙以及清晰的逻辑感、明晰的力学关系、高超的技术表现等。

对于结构的表现，结构理性主张结构关系的暴露，结构及构件之间的关系应该得到清晰而诚实的表达，构件应能够"揭示建筑传递荷载和重力的方式"。建构理论不但主张"对结构关系的忠实体现和对建造逻辑的清晰表达"，而且认为应该是"诗意"的表达，关乎空间品质，是对建造的艺术性处理。

每种结构类型都有其表现特征，构架体系、砌体结构、混凝土结构是建筑结构的基本类型。构架体系如木构架、钢构架，多以线状构件进行结构组织，在空间氛围上，能体现出轻盈、通透、宏大、敞亮、疏朗、精密、理性、逻辑性、技术性等感受。砌体结构是砖、石等体块型构件进行层叠砌筑，在现代空间中，多为贴面砖或装饰石板在混凝土结构基层上进行粘贴或者悬挂，模拟层叠砌筑的效果；在空间呈现上，砌筑结构能展现出厚重、坚固、结实、力量等感受。混凝土结构多为整体浇筑塑形，其结构性表现往往不够显著。

利用材料的结构性能来营造空间氛围，前提是结构形式要能够呈现出来，而不是被弱化或者隐藏。前面已经论述过，结构形式存在着隐藏与呈现两种处理途径，结构与外观还存在四种关系——结构暴露、结构被覆层表达、结构被覆层隐藏、结构被覆层篡改，这四种关系中，结构与外观的符合度逐层递减。

在以钢筋混凝土为主体结构的室内空间中，材料的结构性能大多数是缺席的，在感知上容易被忽略。但在木结构建筑、钢结构建筑，以及采用桁架结构、网架结构、悬索结构等形式的大型公共空间中，比如展览馆、机场、高铁站以及厂房改造类空间中，材料的结构性能具有很强的表现力，能够对空间氛围营造起到重要作用。

藤本壮介设计的"NA 住宅（House NA）"（图 6-36），将建筑设计成一摞堆叠在一起的方盒子，相互错落的外部框架在立面的各个不同高度上产生了丰富的内部空间。House NA 总楼地板面积约 84.7m²，取代了通常的混凝土楼板，宽敞的内部空间由 21 块大小不一、厚 6.5cm 的木板高低错落地铺设而成，生活在其中的人像生活在树屋上一样，满足屋主住在自己家中却能像"游牧族"般生活的想法。藤本壮介说："白钢架结构本身并不形似一棵树，但是在这个空间中体验到的生活和瞬间就像是古代先祖树居生活丰富性的现代改编，这是介于

图 6-36　藤本壮介设计的"NA 住宅（House NA）"

图 6-37 景观木质凉亭

城市、建筑、家具和身体之间，平等对待自然与人造的存在。"
在结构上，采用了比木板厚度更小的、直径 6cm 的钢条承重，
把柱子的直径降到最低，辅以大面积的、通透的玻璃界面，充
分展现了空间的轻盈以及丰富的层次。

景观中常见的木质凉亭，如图 6-37 左图所示大多只注重
形体的表达，并没有深入细部节点和构造的设计，空间效果较
为平庸。右侧两张图中的凉亭，则非常注重展现材料的结构性能，
在节点构造上进行了细致的探讨，结构层次非常丰富，结构形
式也很具视觉冲击力，能够触发人们对结构的关注和思考。

在结构性能对于氛围营造的策略方面，主要有以下几点：

首先，建构主义所主张的结构诗意对空间氛围具有积极作
用，值得大力倡导，充分表现材料自身所具有的结构可能性及
其带来的空间层次的丰富性。

其次，根据空间氛围要求，选择隐藏与呈现结构关系，大
型公共空间倾向于结构表现，而类似于居家空间比较细腻，倾
向于隐藏结构。

再者，材料的结构形态应该符合材料的力学属性，正如赖
特所言，材料使用要重视自身的特点，在结构中产生样式和风
格 [1]，每种材料都应该有自己的形式，新材料应该具有新的形
式，而不能盲目沿袭旧有的形式，新材料的形式要根据材料的
力学属性来确立。

[1] [ 美 ] 弗兰克·劳埃德·赖
特著 . 赖特论美国建筑 [M].
姜涌，李振涛译 . 北京：中
国建筑工业出版社，2010.

## 6.3  材料知觉属性与氛围体验

### 6.3.1  知觉现象学基础

材料是空间体验的重要载体,其知觉属性越来越得到强调。

当代建筑美学的研究把眼光投向了审美的主体——人和人的生活体验。以传统的眼光看,这些研究似乎超出了传统美学的范畴,而事实上这正是人类审美活动自身发展的内在逻辑和当代美学意识本身的要求。美学思想从客观倾向走向主观倾向是当代美学的一个重要特征,审美的本质是主体以全面的感觉去面对世界。关注审美主体对于空间的体验,在当下也是研究的重点内容。材料作为空间感知的重要内容,对材料知觉性能的挖掘则显得尤为重要。

斯汀·拉斯森姆(Steen Eiler Rasmussen)在著述《建筑体验》中论述了人们如何在对建筑的体验中获得对世界的深入理解,分析了建筑环境元素在视觉、听觉和触觉等方面微妙而深刻的影响,其中不乏关于材料的论述 [1]。

舒尔茨认为居住是人存世的立足点,不仅仅是在感官上,更是在心灵上认识和理解自身所处的具体空间和特征。人们对于环境特征的确认中,始于儿童时代,通过多种空间、材料、声音、温度、光线的体验,开始熟悉周边的环境,并逐步形成和理解环境的感觉图示,而这种图示又会影响人们以后的空间体验方式和行为。"直接面对现象本身来发现事物本质"这一现象学基本方法,运用到空间领域就是直接在具体的建筑环境中细致考察环境的基本属性及其与人们行为的相互关系 [2]。

伴随着知觉现象学与建筑现象学的研究,材料的知觉性能越来越受到关注。

现代主义空间设计关注的核心是空间与功能,一定程度上导致了对材料知觉性的忽视。而后现代对于历史主义的图像化

[1] [丹麦]S·E·拉斯姆森著;刘亚芬译.建筑体验 [M].知识产权出版社,2003.2.

[2] Christian Norberg-Schulz. Architecture:Presence, Language & Place [M]. Milan:Italy:Skira Editore, 2000.

处理，材料成为符号拼贴的工具，放弃了材料的物质及真实性的价值判断和思考。"对于材料的讨论，无论是基于结构理性的建构学，还是强调知觉体认的简化现象学，都可以认为是对这种后现代图像性材料以及之前现代主义的抽象化空间的对抗。"[1]

现象学在 20 世纪初兴起于欧洲，创始人是埃德蒙·胡塞尔（Edmund Husserl，1859 ~ 1938 年）。狭义的现象学是指由胡塞尔及其早期追随者的哲学理论；广义的现象学除了这种哲学内容外，还包括了受其影响而产生的多种哲学理论及现象学方法和原则。胡塞尔倡导"朝向事物本身"，通过直接面对现象去认识事物。"我们无法直接面对事物的本质，朝向事物最直接的是现象，所以，我们能够或者必须研究的唯有现象。"现象学采用还原法进行分析，把对事物的存在判断"加上括号"，排除在考虑之外，剩下的只是纯粹意识，即意象性本身。"朝向事物本身"这一现象学的基本要义，对于空间来讲也最具启发，在空间认识上，应该重视直接体验，直接面对空间现象，将固有的认知"悬置"在外。

莫里斯·梅洛 - 庞蒂（Maurice Merleau-Ponty，1908 ~ 1961 年）将"身体"概念引入了现象学。在《知觉现象学》中，梅洛 - 庞蒂"对知觉世界的结构进行了分析，阐述了知觉对外部世界的性质、空间位置、深度和运动的具体经验"[2]。梅洛 - 庞蒂强调主体的重要，认为主体是知觉的中心。

帕拉斯马（Juhani Pallasmaa）在《建筑七感》[3] 中强调了对"声响、寂静、气味、触摸的形状、肌肉和骨骼"等内容的感知。帕拉斯马提出如果只偏重视觉，而忽视其他感官知觉，特别是触觉对材料质感、构造细部的忽视，建筑会变为扁平的简单几何形，丧失了材料和构造的逻辑，偏离了生活中的真实感受。"眼睛是一种强调距离和间隔的器官，而触摸则强调亲近、私密和友爱的感受。手是一个复杂的器官，来自四面八方的生

[1] 史永高. 从结构理性到知觉体认——当代建筑中材料视角的现象学转向 [J]. 建筑学报，2009(11):1-5.

[2] [ 法 ] 莫里斯·梅洛 - 庞蒂著；姜志辉译，知觉现象学 [M]. 商务印书馆，2001.2.

[3] Juhani Pallasmaa. An architecture of the seven sence[J].a+u，1994，（7）.

[1] 周凌 . 空间之觉：一种建筑
现象学 [J]. 建筑师，2003
（10）：53.

[2] Juhani Pallasmaa.The eyes
of the skin：Architecture and
the senses[M]. Chichester：
Wiley-Academy，2005.

[3] 邢野 . 当代建筑人文尺度
的现象学研究 [D]. 成都：
西南交通大学，2005.

[4] Steven Holl. Anchoring
[M]. New York：Priceton
Architectural Press，1989.

[5] 沈克宁 . 建筑现象学 [M].
北京：中国建筑工业出版
社，2007.147.

[6] 沈克宁 . 建筑现象学初
议——从胡塞尔和梅罗·庞
蒂 谈 起 [J]. 建 筑 学 报，
1998.12

命信息源源不断地在这里汇聚，汇聚成行为的河流，人的双手
有它们自己的历史，有它们自己的文明，它们也因此显得特别
美丽。雕塑家的手是认识世界和独立思考的器官，因此手是雕
塑家的眼睛。手可以阅读，阅读物体的肌理、重量、密度和温
度。当我们握住门的把手就是和建筑握手，触觉感知把我们和
时间及传统联系在一起。"[1]

帕拉斯马还强调在空间感知过程中，对那些"智力和概念
思辨"应该悬置起来，以免干扰对空间的物质和现象的具体感知。
在感知过程中，应该综合运用各种感官对空间全面感知[2]。

斯蒂文·霍尔受梅洛 - 庞蒂知觉现象学的影响，总结了
与知觉相关的重要现象，将其称为"现象区"（Phenomena
Zones），包括对"透视、色彩、质感、光影、透明度、时间片断、
声音和细部"[3] 等内容的感知。他将对场所的亲身感受和具体
的感知视为设计的源泉[4]，"建筑能够通过从特殊场所、纲领
和建筑中浮现出来的不同的现象将日常生活的体验升华。在一
个层面，一种思想和观念的力量驱使建筑，在另一个层面，结
构、材料、空间、色彩、光线和阴影交织去构成建筑。"[5]

"霍尔认为在各种艺术形式中只有建筑能够唤醒所有的感
觉，这就是空间感知的复杂性。建筑自身提供了有质感的石块
和光滑的木柱所表现的那种有触觉的实体感，那种运动的光线
变化、空间的气味和声音以及与人体有关的尺度和比例。所有
这些感觉和知觉结合为一个复杂、无言的经验，空间通过无言、
静默的知觉现象来述说。"[6]

### 6.3.2　注重材料的空间感知

相较于对空间、造型、色彩的感知，对材料的感知则更具
有基础性。对物质实体的感知是空间知觉的重要对象，在现象
学的研究视角中具有重要的地位。霍尔建筑现象区所总结的因
素，大都可以借助材料来进行感知，或者在材料中有所体现。

　　材料的空间感知主要集中在材料表面上，表面一直是空间设计实践的重要内容，对材料表面的理论关注始于森佩尔对空间围护的思考，路斯的理论与实践强调了材料表面品质对于空间氛围营造的重要意义；莱瑟巴罗的《表皮建筑》探讨了材料保有建筑的再现性、物质性功能的价值，《论风化》则讨论了材料在自然气候的风化作用下的表现性；表皮中的材料处理则是近些年来建筑实践的重要问题。

　　对于材料知觉性能的挖掘中，阿尔托的室内通过材料的精心安排营造了温馨的、充满人情味的空间氛围，除了自然材料精美的视觉体验之外，室内充满了对其他知觉特别是触觉的关注。阿尔托门把手的设计被称作与空间的知觉握手[1]，其楼梯转弯扶手的处理（图 6-38），也体现了对于触觉行为的关注。阿尔托的家具更是关注与身体的相遇，凡是肌肤能够触碰到的位置，都采用了木材、皮革、织物等柔和的材料。当然，自然材料的使用，不但充满了柔和、温暖的触觉感知印象，而且对于空间的声学效果也很有帮助。

[1] Juhani Pallasmaa. Alvar Aalto：Villa Mairea 1938-39[M]. Helsinki：Alvar Aalto Foundation and Mairea Foundation，1998.

图 6-38　玛丽亚别墅的触觉细部

　　卒姆托的设计强调了材料对于空间氛围的意义，"那是什么打动了我呢？是一切，是物本身、人群、空气、声响、颜色、质感、肌理，还有形式——我所欣赏的形式，我所设法破解的形式；还有什么别的打动了我？是我的心绪，我的感受，还有当我坐在那里时使我满足的期待感……"

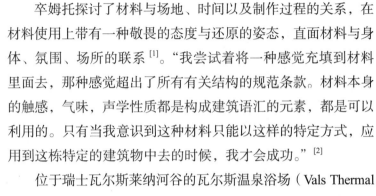

[1] Peter Zumthor. Atmospheres:
Architectural Environments
Surrounding Objects [M].
Basel: Birkhäusr, 2006.

[2] 新浪博客. 隐士大师的设
计观 [EB/OL]. (2013-3-25)
[2016-5-16].http://blog.
sina.com.cn/s/blog_6bb74f9
c0102ecay.html.

卒姆托探讨了材料与场地、时间以及制作过程的关系，在材料使用上带有一种敬畏的态度与还原的姿态，直面材料与身体、氛围、场所的联系[1]。"我尝试着将一种感觉充填到材料里面去，那种感觉超出了所有有关结构的规范条款。材料本身的触感，气味，声学性质都是构成建筑语汇的元素，都是可以利用的。只有当我意识到这种材料只能以这样的特定方式，应用到这栋特定的建筑物中去的时候，我才会成功。"[2]

位于瑞士瓦尔斯莱纳河谷的瓦尔斯温泉浴场（Vals Thermal Baths，1996年）（图6-39）是通过材料解读卒姆托对待空间知觉与氛围的重要案例。卡尔兹堡奖评委会认为他的作品"具有纯粹的形体之美，对材料如谜一般的悟性，以及超乎寻常的空间表现力"。

卒姆托的设计过程非常重视空间体验和材料的研究："我们对这里的石片屋顶很感兴趣，它们的结构让我们想起了水面的波光。我们在村子里行走，忽然发现，到处都是圆石，还有那些被劈开的石板，它们松散地垒在一起，一层层地垒成了高墙矮墙；我们考察了不同规模、不同坡度和不同矿脉上的石矿。想着我们的浴室，想着温泉从我们建筑基地背后的底层里喷涌而出，我们发现，瓦尔斯片麻岩越来越令我们着迷；我们开始仔细研究这种石头——它可以劈、可以削、可以切、可以抛光；我们还发现一种身上长着许多白色'眼睛'的'眼状片麻岩'，那是其中的云母，是矿物的结构，一层一层，闪耀着泛光的各种色调的灰色。"

卒姆托使用了当地的片麻岩作为主要的面层材料，建立了与地域和场所的直接联系。水的作用对于片麻岩的表现是非常重要的，石材的坚硬与生涩，在水的浸润之下，变得柔和与朗润。石之阳刚，水之阴柔，相互调和了空间质感印象。同时，水的存在使光线变得幻丽，水面波纹带来光的闪烁，镜面般的水面则加强了光的反射。水面之上，是光和蒸汽的表演，在片麻岩

图6-39　瓦尔斯温泉浴场

墙面深色的背景烘托之下，蒸汽随着光时隐时现，呈现了雾霭般的空间氛围。而正是这些材料的综合运用，营造了氤氲朦胧的洗浴氛围。正如卒姆托对土耳其浴室的陈述："光线从小弯隆上敞向星空的开口处泻下，照亮了一间对于洗浴来说并不算完美的房间：在一些石头水池里盛满了水，上面飘着热气，在昏暗中，天光闪烁，整体是一种安静、放松的氛围。而旁边的房间都隐退到了阴影里；我们似乎可以听到不同的水声，听到房间的回音。这里，存在着某种宁静、原初、沉思的东西，彻底令人陶醉。"[1]

[1] 刘东洋. 卒姆托与片麻岩：一栋建筑引发的"物质性"思考[J]. 新建筑, 2010（2）.

　　瓦尔斯温泉浴场中充满着身体和肌肤的体验，让人回到知觉、回到身体之中。正如所描绘的"热气、昏暗、天光、阴影、水声、回声"，营造了"宁静、原初、沉思"的氛围，回荡在片麻岩、水、蒸汽、光之间，材料知觉性能的挖掘对于氛围的营造起到至关重要的作用。

　　卒姆托在布鲁德·克劳斯兄弟小教堂（Bruder Klaus Chapel，图 6-40）中充分表现了对材料建造过程的感知。小教堂位于慕尼黑的一处农田间，先用 112 根树木搭建出内部的空间，其外使用当地的泥土砂石与白水泥进行夯筑，由当地人完成筑造，每次筑 50cm，一共 24 层 12m 高，呈现出层叠的肌理。然后将内部的树干烧掉，留下独特的墙面肌理，树木熏烧的气味萦绕其中。对小教堂的体验，不只于建筑的空间形式，更是对材料操作与建造过程的体味，面对松木燃烧留下的乌黑凹痕，似乎仍然能感受到一根根挺拔的树干，空间中还弥漫着树木的清香与木材熏烧的气味。

### 6.3.3　非物质性材料的氛围体验

　　材料的知觉体验不应仅限于视觉与触觉，而应是全面的综合感知。材料的使用要考虑如何利用各种感官知觉来营造空间氛围，不但要充分调动材料的质感、肌理、透明度、粗糙度等

图 6-40　克劳斯兄弟小教堂

各种视觉和触觉因素，还要利用声音、气味等感官体验来为空间感知服务。

如今媒介与信息技术发展，声、光、电等虚拟材料广泛使用，图像和影像感知成为环境体验的重要部分，空间体验内容不再仅限于物质的、真实的空间，而是进一步扩展到虚拟的空间环境。借助虚拟现实技术，可以将虚拟的物体与真实的环境融为一体，并且伴随着 VR、AR 等技术的发展，能够在人的整个视野范围内创造出虚拟的影像空间，使人们获得更加逼真的环境体验。这一技术在影视、游戏等领域中已经得到广泛应用，并且，在室内设计领域，这一技术也颇受关注，在一些高端设计项目中，用于客户对室内设计效果的体验，作为设计决策的手段之一。另外，虚拟现实技术还可以仿真声音、质感、触觉甚至温度、动觉等虚拟综合感知，营造出超强的沉浸式体验[1]。这将对空间环境体验提出新的感知方式，并引发新的思考。

材料如果脱离物质性的限制，将那些可以用于营造空间氛围的、可操控的内容都作为"材料"，像虚拟的声、光、电等，将其称之为"非物质性材料"或者"虚拟材料"，那么对材料的感知，内容将更加宽泛。空间的声学效果、光环境以及通过绿植鲜花等对气味的调节，都可以作为空间氛围的感知要素。

光作为重要的空间设计要素，从设计之始就是空间表现的主题之一，光与影在建筑史中更是有着精彩纷呈的表现，庄严的神庙、肃穆的教堂、宁静的居室……处处都需要光与影来参与这些氛围的营造。

谈及对空间视觉、触觉、嗅觉、味觉、听觉的综合感知，并拓展到非物质性材料，在空间综合感知与氛围营造方面最为经典的场所之一就是寺庙。

"深山古刹"常用来描述寺庙的场地环境（图 6-41），寺庙选址一般远离世俗居住的区域，常设于位置偏远、环境优雅的群山之中，利于僧人修行。崎岖的山路、无尽的阶梯、苍松

[1] Grau Oliver 著. 虚拟技术 [M]. 陈玲译. 北京：清华大学出版社，2007.9.

翠柏、小溪潺潺……这些都是用来营造一尘不染、佛门清静的
环境氛围。前往寺庙途中,对环境的感知便是营造心境的过程。

图6-41　昆明市筇竹寺

　　灰砖、青瓦、石墙、老木是寺庙最为常见的外观（图6-42）,
隐现于苍松翠柏之间, 更是在视觉上感受到"曲径通幽处, 禅
房花木深"般的宁静。古刹中, 万般材料皆有沧桑的历史感,
沉重老旧的厚木庙门、坚如磐石的铜质香炉、斑驳的碎石路、
褪色的塑像和木构件, 处处涤荡着心扉, 让人放下心中的琐碎,
体验这份孤寂与雅静。这些环境与建筑, 在视觉和触觉感受上,
能让人印象深刻。

图6-42　奉新境内的百丈寺

在嗅觉上，袅袅的香火燃烧在铜炉之中，焚香的气味已经成为寺庙的典型性认知。我国焚香起源于春秋时期，最早是作为诸侯王的朝仪。传说香能避瘟驱邪，所以宫室、朝堂、议事厅必焚香。到汉代，宫室发展到用香熏衣、驱虫、防腐蛀，后来士大夫家以至平民，都有焚香的习惯。随着佛教在中国的传播，焚香这种礼佛的仪式也沿袭至今。佛教徒在宗教仪式时，特别早晚诵经功课中，起口便唱诵"炉香赞"。在佛前大供，有唱"戒定真香赞"或唱"香才熱赞"等。礼佛上香是表达信徒、香客真诚之意的方法。通过烧香、许愿、叩头、合十、问讯等动态行为，与佛、菩萨沟通，完成内心的希求祈愿。圣开法师曾说："香是表道德馨香。道德者，乃利己谓之道，利人谓之德，利己利人谓道德。"焚香是收敛心情的必备程序，古人多以焚香来祭拜和静心。烧香所散发的芬芳气味，使人心神安定，容易引人入道。焚香还可以用于僧人打坐时醒脑清神，去浊存清。焚香在现代生活中也代表了一清新雅致的生活品质和追求，英国名家吉卜林说："人的嗅觉比视觉、听觉更能挑动人们细腻的心"，以鼻闻香，以心领会，尺席之间，五感澄明。

在听觉上，佛寺之中，诵经、钟鸣、木鱼之声，在庄重的仪式感中，心灵得到涤荡升华。还有寺院飞檐上的风铃声、苍松翠竹中的鸟鸣声、小溪潺潺的流水声，以及大自然的风雨之声，在寺庙的环境氛围中，越发让人心无杂念，返璞归真。

在味觉上，通过斋饭来体现。斋饭原意指整齐和干净，进行敬神忏谢活动前，要使自己身心清洁、言行规整、精神专注，以表示对神的恭敬之意。斋饭一般是没有肉的。佛教传到汉地之后，形成了一套传统的用斋仪轨，规定了碗筷摆放、使用和添饭加菜的步骤与方法，重点是止语端坐、正念受食、威仪寂静。吃一顿饭要把它与佛法结合在一起，佛门中过堂有一语："五观若明千金易化，三心未了滴水难消。"在味觉上，斋饭可以让人体会到清心寡欲的精神体验。

可以看出，在数千年的文化传承与发展过程中，寺庙在整体的空间氛围营造上已经非常成熟，在视觉、触觉、嗅觉、听觉、味觉中，都有着清晰、综合的体现，并形成了完整的文化传播路径，可以将其视为"五觉"设计的典型进行认真学习。

在现代室内设计中，人们越来越追求空间氛围的"浸润式体验"，要求所表达的氛围清晰、完整，以及文化韵味饱满，"五觉"设计成为新的设计手法和策略。

日本的数寄屋茶室，在"五觉"设计方面也非常到位。环境的幽静、自然材料的质朴、沏茶的清香、水滴与木屐的声音、茶的恬淡与回甘，也是综合了人的多种感知，同样给人留下了清晰的环境印象和美好的氛围体验。

中国古典园林中，也常综合运用人的感官因素获得意境美。承德离宫中的万壑松风建筑群、拙政园中的留听阁（取意留得残荷听雨声）、听雨轩（取意雨打芭蕉）等渲染了安静、悠然的环境氛围，其意境都与听觉有密切的联系；留园中的闻木樨香、拙政园中的芸香穴位等，主要是利用人的味觉感官。正如陈从周所说的，"园外有景妙在'借'，花影、树影、云影、水影、风声、水声、鸟语、花香，无形之景，有形之景，交响成曲。"

# 第七章

## 材料的空间创意表现策略研究

结合材料的主要表现因素，本章主要从表面属性、材料组织、结构性能、技术性四个方面展开材料的创意表现策略研究，对材料的外观形态与搭配两个因素只进行简要探讨。

对于材料的外观形态，本研究无意从形态学的角度展开赘述，只是从材料与外观形态的关联进行思考，提出两点创意表现策略：一是由材料自身性能引发的形态创意，路斯曾指出："每一种材料都拥有自身的形式语言，没有哪一种材料可以强求别的材料的形式。因为形式的达成，正是源自材料的应用特征以及它的加工方法。它们不仅是和材料一起形成，而且还是经由材料而来。"[1] 特别是材料的力学与结构性能，决定了所用材料的具体形状、尺寸、结构等表观形态；这区别于目前盛行的先做造型设计，然后再考虑材料的做法，这一做法抹杀了从材料性能中生发出来的生动的节点、构造等细节表现，使得设计成为形式与材料的拼贴游戏。二是注重材料单体形态的造型变化，以及特殊的组织形态。材料单体作为一个可操作的形式模块，可以灵活地进行空间组织，模块的形态以及模块间的结合方式将成为外观形态创意的重要源泉。

材料搭配是最常用的表现手法，材料在种类、形态、尺度、表面属性等多方面的搭配，具有变化无穷的创意性。材料搭配策略仍然是以诸多的形式美学规律为指导，注重统一协调、主次分明、层次清晰、色彩调和等，在此不再赘述。由于材料搭

[1] [奥]阿道夫·路斯著.饰面的原则[J].史永高译.时代建筑, 2010（3）: 152-155.

配最为常用，而且室内设计常用的材料也较为固定，所以在视觉上容易出现审美疲劳，通过材料搭配突出创意效果比较有难度。在此提出两点创意表现策略：一是不局限于材料种类和尺度的搭配，更要发挥材料在质地、肌理、色彩、透明度等表面属性上的协调搭配；二是在材料搭配中，注重新材料的引入，增加新的元素与活力，发挥新老材料的对比效果。

本章主要采用案例分析与归纳演绎等方法，对问题的阐释更加直观，便于理解。

# 7.1　表面属性的创意表现策略

材料表现的基础是其表面属性，对空间效果满意度具有非常直接和重要的影响。表面属性取决于材料的物质组成与结构，这是与生俱来的物质基础。与物质相比较，材料一词本身就隐含了"人为的加工"的含义，将自然的物质加工成可用材料，比如石头加工成石块、石板、石条，具备了一定的体量、外观，材料属性——不论是力学的，还是表面的——被具体化了，成为选材的依据，并进一步在建造与装饰活动中得以彰显。因而，材料的表面属性与材料的制备、加工以及表面处理方式紧密相关，任何环节的变化都可以产生独特的创意效果。

表面属性的创意表现可以采用材料本性的挖掘、表面处理的异化、多维度的表现、制备工艺的创新等策略。

## 7.1.1　材料本性的挖掘

常规材料如砖、石、土、木等，在漫长的空间营造历史中，其表面属性已经得到了充分的表现，创意性可以从表面属性的变化着手，深入挖掘材料的本性。

"石材的厚重、金属的坚硬，已经固化在人们的认知经验之中，通过对材料属性的深入挖掘，可以带来新的材料表现力。戈登·邦夏（Gordon Bunshaft，1909 ～ 1990 年）设计的耶鲁大学拜内克珍本和手稿图书馆（Beinecke Rare Book and Manuscript Library，1963 年）（图 7-1），为了保护馆内收藏的珍贵古籍免受阳光的直射，外墙不设窗户，整个外墙采用产自佛蒙特州的大理石进行围合，石材厚度不足 3cm，在阳光充足的时候，大理石墙呈现出半透明的光学属性，能透过斑驳的光影，石材纹路像抽象画一样得以清晰呈现。邦夏对材料的使用兼顾了美学与功能，改变了人们对石材厚重密实的常规认知，以一种轻盈且略显通透的方式拓展了石材的表现属性。"[1]

[1] 马涛，许柏鸣 . 空间设计中材料手法化的探讨 [J]. 家具与室内装饰，2016( 2 )：82-83.

Franz Fueg 设计的 St Pius 教堂（1966 年，瑞士梅根）（图 7-2）也采用了大理石透光立面，大理石厚度仅为 21mm，朦胧的光线为教堂提供了特别的光环境，契合教堂的宗教氛围。

以上两个案例是对材料透明度的处理产生的创意效果，数千年来，对石材的本性认知是厚重、沉闷，通过厚度的变化来调整石材的透明度，显现出轻盈通透的表面效果。同样，对常规材料的表面色彩、质地、肌理、光泽度等内容进行合理的创新设计也将是获得创意效果的重要手段。

图 7-1　拜内克珍本和手稿图书馆　　　图 7-2　St Pius 教堂

## 7.1.2　表面处理方式的异化

创意性的表现还可以通过材料表面处理方式的变化来实现，打破人们的常规认知以及审美适应性，以一种陌生化的手法"异化"材料的使用，达成一种新颖的视觉效果和审美刺激。

对材料采用不同的表面处理方式，可以直接改变材料的表面性状及其空间呈现效果，这是获得创造性表现较为直接的方法。

以混凝土为例，柯布西耶在马赛公寓（图7-3）中展现的粗犷质朴、力量感十足的混凝土，在安藤忠雄的作品里则变成了标志性的细腻精美、轻盈飘逸的清水混凝土（图7-4），两者都是通过对浇筑模板、脱模技术的控制达到材料表面的美学效果。

图7-3　马赛公寓

图7-4　风之教堂

图7-5　埃伯斯沃德技工学院图书馆

再到赫尔佐格与德·梅隆手中，在埃伯斯沃德技工学院图书馆（图7-5）的立面上，通过丝网印刷技术将图像进行阵列复制，混凝土成为图像表现的画布，材料的表现更加艺术化，正如赫尔佐格所言，用新的方法使用众所周知的形式和材料，并使其重现活力。

### 7.1.3　多维度的材料表现

通过不同的使用手段，材料可以具有多个维度的表现性。

以木材为例，在空间中常以各种规格的板面、方材、集成材出现。为了营造不同的空间效果，则需要突破常规的使用方法，打破规格型材料的限制，木材还可以表现丰富的自然形态，原木、树枝、树皮、树根都可以合理利用，获得多维度的表现效果。

原木加工过程中产生的板皮边料（图7-6），弧线一边大都有着斑驳的树皮所产生的自然生动的肌理效果。上海蒲蒲兰绘本馆（图7-7）以"树"为主题，对木质形态有着精彩纷呈的多维度表现，以其丰富的自然形态和材料质感紧扣主题，原木布置成的吊顶、树皮覆盖的球形活动空间、树干挖空做的筒形书柜、片状横截圆木装饰的墙面和桌面，营造了自然清新、富于创意的空间氛围。

图7-6　板皮墙　　　　　　　　图7-7　上海蒲蒲兰绘本馆

木材横截后展现出的年轮富有装饰性，体现出一种岁月时空之感。木块经斧剁而形成的表面肌理与机加工相比则更显生动质朴，福斯特与帕特纳设计的切萨·福图拉公寓大楼（瑞士圣莫里兹市，2004年）（图7-8）就采用了这种斧剁式木瓦进行建筑覆面。

图7-8　切萨·福图拉公寓界面

## 7.1.4 制备工艺的创新

新的加工制备方法，可以使材料产生不同的表面性状，在表面属性的创意呈现上大为改观。

以近年来兴起的新型木质马赛克为例（表7-1），把小型木质块料按照一定的规则组坯粘贴制成，装饰性极强。小型木料多为低劣等材料，无法加工成大规格型材加以使用，自身的表面性状也参差不齐，木质马赛克通过制备工艺的创新，将这些材料合理利用，制造出新的材料种类，并具有新颖的表面属性和空间创意效果。

木质马赛克的装饰要素主要来自于块料的形状、质感特征，以及组坯规则（图7-9），另外，木材的种类、加工方式、表面处理方式等进一步丰富了产品的装饰性。

根据单体块料特征与组坯规则，分为规则型和自由型木质马赛克两大类。规则型木质马赛克的单体块料在尺度、组坯上具有稳定性；自由型木质马赛克则不同，"单体块料多为长短、宽窄不一的矩形板条，或者大小不等的圆形、类圆形木片，按照材料的实际情况自由组坯，随形就势，因材赋形，尺度不一具有参差变化，厚度不同产生凹凸层次，效果自然生动，极富

新型木质马赛克种类　　　　　　　　　　　　　　　　表 7-1

| 规则型木质马赛克 | 自由型木质马赛克 | 船木马赛克 | 树枝马赛克 | 竹材马赛克 | 椰壳马赛克 |
|---|---|---|---|---|---|
|  |  |  |  |  |  |

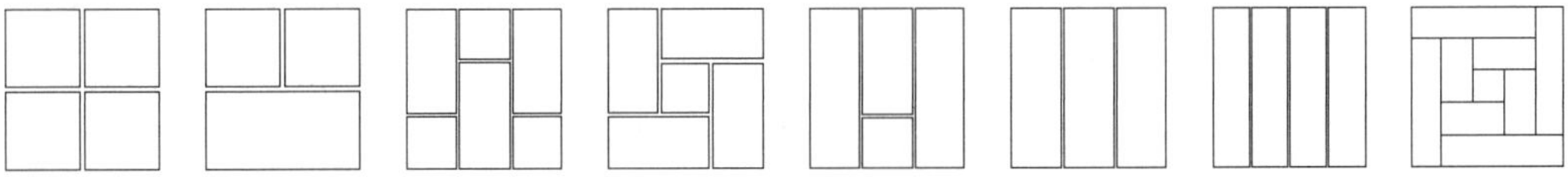

图 7-9　组坯规则示意图

[1] 马涛，许柏鸣.新型木质
马赛克装饰板的生产工艺
初探 [J]. 木材工业，2016，
30（5）: 41-44.

装饰性。船木马赛克、树枝马赛克，都属于自由型木质马赛克。船木马赛克以回收的旧船木为主要原料，材料本身质地较好，又经过多年的浸泡与气候的侵蚀，具有丰富的质感，还常保留有腐蚀、风化、钉孔的痕迹，效果灵活生动。"[1]

树枝马赛克是将枝丫材横截后的类圆形木块直接进行组坯制成，效果亲切自然。根据类似的做法，还衍生出其他一些品类的马赛克装饰板。竹材马赛克是以竹片、竹块为单体块料制作的一种装饰板材，还可以结合木块制成竹木马赛克；还有利用椰壳加工而成的椰壳马赛克。

## 7.2  组织规则的创意表现策略

材料在空间中的创意表现不仅来自于表观属性，材料组织规则的丰富变化更能带来创意表现性。室内空间中材料的单体尺度一般比较小，在形成空间界面时，无论材料形态是点状、线状还是面状，都需要按照一定的规则进行组织。材料一经选定，表面属性随之确立，但通过材料组织规则的变化仍能获得丰富的表现力，这种变化不仅体现在二维平面的组织，更突出表现在材料的三维空间组织上，材料的组织规则对空间的创意效果具有显著的影响。密斯通过那句著名的建筑言论——"建筑始于两块砖的精心连接"，明确指出材料的连接方式、组织结构对于空间表现的基础性和重要性。

### 7.2.1  平面组织手法的创新

"依托空间表面进行材料组织，是材料建造过程中的基本手法。以砖墙为例，在砌筑过程中，组织结构规则的变化能得到丰富的墙面效果，砖的砌筑方式、砌筑角度、凹凸关系，甚至灰缝的处理都能够形成独特的创造力。

"砖的砌筑方式非常多样，一顺一丁、三顺一丁、梅花丁、三七缝、条砌法、丁砌法等，充分发挥了砖块三维尺寸上的差异及其模数关系。现代建筑中，砖砌工艺的表现性方面，阿尔托夏季别墅中（图 7-10）的砖墙最为经典，砖的使用也是阿尔托设计具有人情味的重要因素之一。

图 7-10　阿尔托夏季别墅

"当砖墙不再承担过多的结构承重，只需承担自身重量的时候，砖的砌法变得更加灵活多变，花式砌法成为一种公认的具有表现力的手法追求。Valbhav Dimri 和 Madhav Raman 设计的南亚人权文献中心办公楼（图 7-11），受印度传统建筑的启发，设计了一种具有复杂视觉效果的单一重复砖墙模式，采用规律性的旋转砌筑，充分展现了砖的砌筑方式与角度变化所具有的美学效果。"[1]

图 7-11　南亚人权文献中心办公楼

[1] 马涛，许柏鸣.空间设计中材料手法化的探讨 [J].家具与室内装饰，2016（2）: 82-83.

在砌筑结构中，砖石为主体，灰泥作为砌体连接的主要粘结材料，是砖石砌筑的辅助用料，在表现中常常被忽略。而灰缝就像一张密密麻麻的网状背景，同样展现了规律与节奏感；灰缝材料和厚度不仅决定了砌体结构的强度，同时也具有一定的表现力。灰缝的材料、尺寸、色彩、阴影、凹凸等相对位置的变化，都可以强化砌体的图案与规律，使墙体展现出一定的性格，突出砌筑的结构性与装饰性。

西格德·莱韦伦茨（Sigurd Lewerentz，1885 ~ 1975 年）

设计的位于斯德哥尔摩远郊比约克哈根的圣马可教堂（St. Mark's Church in Bjorkhagen，1960 年）（图 7-12），灰泥沙浆已不仅仅是粘结材料，而是与砖一起成为空间的表现要素。宽厚的灰泥层连贯成为一个整体，能够清晰地感受到灰泥与砖的图底关系，灰泥犹如背景，砖块如矩阵般有规律地悬浮在其中。

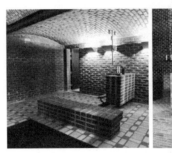

图 7-12　比约克哈根圣马可教堂

## 7.2.2　三维组织手法的创新

为了营造新颖独特的空间效果，材料的处理不再紧贴着墙面成为薄薄的面层，而是走向复杂的三维空间处理。事实上，在空间效果的追求中，材料一直有挣脱平面、向空间延展的努力。平滑的墙面涂料，发展到质感漆轻微的凹凸变化；平整的砖墙发展到错落有致的砌筑变化；材料贴面到离开墙面的悬置处理，都可以理解为对平面的突破。材料的组织从平面拼贴走向空间架构，摆脱了平面性的装饰规则，直接用材料构成三维的空间形态。

Nishi Building（图 7-13）是澳大利亚设计工作室 March Studio 的作品，华丽的内部空间采用了 2150 根木条构建，这些木条都是从旧房子和废弃体育馆中回收的，材料在形状、尺度、规格上并不整齐，难以形成匀质的界面，设计师把这些木条疏密相间地平行布置在顶棚、隔墙、楼梯上，木条之间的空隙、距离按照一定的节奏和规律精心地安排，虽然在视觉上有

些眼花缭乱，但事实上每一根木条都事先在设计模型中进行了
定位。材料的组织着意于空间中的位置，而不是依附于墙面来
安排，形成了丰富的、具有创意的空间效果。

图 7-13　Nishi Building 项目

隈研吾 2011 年设计的成都新津展览馆（图 7-14），位于
道教圣地老君山下，采用当地材料和传统工艺制成的瓦片作为
外观装饰，瓦片并不是采用传统的贴面处理方式，而是使用钢
丝将瓦片悬挂在墙体外围，像一张网罩在建筑之外，格外轻盈。
独特的材料处理方式，既保留了与当地建筑的联系，又以一种
崭新的面貌让人印象深刻。在空间内部游走，独特的瓦片墙面
产生了奇妙的光影效果，同时还能感知到环境中的微风及水面
的湿气，有效地增进了室内外之间的联系。

隈研吾设计的大阪华都饭店（图 7-15），在顶棚、灯具、
隔断、墙面中都采用了参差不齐的木条装饰。木条只有一端

图 7-14　成都新津展览馆　　　　图 7-15　大阪华都饭店

固定在顶部，自然悬垂在空间之中，带来独特的光影和空间体验，木条的使用突出了材料在空间中的组织安排。

## 7.3 结构性创意表现策略

### 7.3.1 材料结构性表现的涵义

[1] 爱德华·F·塞克勒著.结构，建造，建构[J].凌琳译.时代建筑，2009（2）100-103.

[2] 马涛，张爽.隈研吾设计中的材料策略[J].家具与室内装饰，2014（6）: 44-45.

爱德华·塞克勒指出："建造意味着某种力学原理或结构体系的具体实现，它可以通过许多不同的材料和方式来完成。"[1] 材料的结构性表现，正是实现这一目的极具表现力的材料使用方式。

材料的结构性表现，注重挖掘材料在结构、构造、节点等方面的表现力，是空间创新的重要方法，并具有较好的装饰效果。从材料自身的结构性能出发，结合整体结构形式，注重材料与构件的力学传递关系呈现，通过构造和节点的精心处理，探讨知性、诗意的结构形式和表现手法。能够有效避免设计的形式化、平面化、装饰化等问题，并使形式摆脱风格的影响，从材料结构性能的潜力之中发掘出来。这种做法将结构与装饰合二为一，兼具结构性与装饰性，将功能与形式有机统一起来。

材料结构性表现也属于材料的三维空间组织，但区别在于，前述的材料三维组织更侧重装饰性的处理手法，不依托材料自身的结构性能展开形式操作；材料的结构性处理则是以材料结构性能、受力关系为形式先导。也可以理解为，一种着重于装饰性三维空间组织，一种侧重于结构性三维空间组织。

### 7.3.2 材料的结构性表现案例

隈研吾的设计非常注重材料的结构性表现，常常从材料的结构处理这些细节开始，并以表现材料结构性能为设计策略，"有助于抵抗建筑的图像化倾向，改善建筑设计中重造型、轻细部的现状"。[2]

　　瓷砖作为传统的贴面材料，依附在建筑结构之上起装饰作用。而隈研吾为庆祝意大利 Casalgrande Padana 公司成立 50 周年而设计的"陶瓷云"（图 7-16）项目中，第一次运用陶瓷作为结构材料，瓷砖传统的质感表现让位于结构性的表达。在这个项目中，隈研吾通过特殊设计的五金连接件，将大块的炻瓷板组装成一堵长 40m、高 7m 的三维空间结构体，瓷砖的表面质感虽然仍作为表现对象，但材料的结构性才是设计的重心。

图 7-16　"陶瓷云"

　　隈研吾基于自己的"建筑粒子"的创作思想，经常将体和面打散成线条的组合，这一做法非常适宜表现线状材料的结构性能。

　　隈研吾在表参道星巴克咖啡馆、GC 口腔科学博物馆、Sunny hills Japan 甜品店等多个项目中，都使用了这一策略。在这几个案例中，隈研吾都以截面 6cm 见方的木条为材料，通过精巧的榫卯结构进行结合，来完成空间的搭建。隈研吾说："和手工艺人一样，我想要完全重新思考材料的处理方式，我需要尽可能忘掉那些已经成型的细节，取而代之的是对材料全新的、

图 7-17　Chidori 概念家具

不同的处理方式。"[1]

　　隈研吾在 Chidori 概念家具中（图 7-17）对榫卯结构进行了细致研究，采用 30mm×30mm×540mm 的木条为材料，仅仅通过榫卯结构来完成桌子、架子、隔断等家具形式。

　　在日本太宰府天满宫表参道星巴克咖啡馆项目中（图 7-18），隈研吾采用了 2000 多根长度为 1.3～4m、截面 6cm 见方的木条，将木条斜向编织交错，在空间中形成一种立体网状结构，作为墙面和顶棚的处理，个性鲜明独特。

　　GC 口腔科学博物馆（图 7-19）的主体结构使用六千多根截面 6cm 见方的木条，搭成巨大的网格状空间，木条的组织构造来自传统的木制玩具鲁班锁，结构稳固精确，而且没有采用螺钉、胶水和钉子等辅助结合手段。

图 7-18　表参道星巴克咖啡馆

图 7-19　GC 口腔科学博物馆

　　在 "Sunny hills Japan" 甜品店（图 7-20）中采用了日本传统木建筑的节点方式 "jiigoku-gumi"，用木条相互之间成 30 度夹角进行搭建，形成一个窗格网作为空间的围护界面。

　　对木质材料结构性能的探索，隈研吾还充分呈现了叠落出挑的力学传递方式。

　　日本富士的 Kureon 咖啡厅（图 7-21），隈研吾将室内空间包裹在一个玻璃盒子中，玻璃之外采用木条交错叠落的结构形态包围。

[1] Daici Ano.GC 口腔科学博物馆 [J]. 中国建筑装饰装修，2011.9.

图 7-20 "Sunny Hills"甜品店

图 7-21 Kureon 咖啡厅

图 7-22 梼原木桥博物馆

图 7-23 东京东急凯彼德大
酒店

　　日本高知县的"梼原木桥博物馆"（Yusuhara Wooden Bridge Museum，图 7-22），隈研吾将其设计成一个倒三角锥形的体量，由无数的相互正交叠落的木质梁架组成，并且将所有结构支撑都放在底部唯一一根支柱上。在博物馆两头设有两部全玻璃景观电梯，巧妙地隐藏在背后的植物景观中，更加突出了叠落出挑的结构形态，在室内也采用了类似的木质梁架结构，加强了这一结构主题的表现。

　　隈研吾在东京东急凯彼德大酒店（图 7-23）设计中，采用了同样的正交叠落的组织手法，结合传统建筑屋架的意象，富有东方精神的木质网架结构与空间紧密结合，极具东方魅力。

### 7.3.3　材料结构性表现的优势

　　结构化的材料表现具有很多优点。

首先，结构化的材料表现对空间装饰效果有较大的帮助，由于脱离了平面化处理的禁锢，材料在三维空间中的组织秩序、组织手段更为多样，空间形态更为丰富，具有更强的表现力。

其次，材料的结构性组织具有一种结构表现力，展现了一定的技术图景，体现了结构美学、技术美学的思想。同时，能够对空间结构、力学关系有一定的表现，注重力学逻辑和空间形态的结合，包含了理性的精神，符合对空间与材料的价值判断。这种结构化的材料组织方式，是以结构主义思维为基础，倡导理性的材料与结构表现，蕴含了对新形式、新空间的突破性构思的可能。这种理性的原则能够有效应对室内设计中风格化、抄袭模仿泛滥的现状，并有助于指导材料的合理使用。

再次，结构化的材料表现具有较好的空间创意效果。材料的结构化使用将结构作为一种形式力量，综合了对建造过程的考虑，而不仅仅是形式操作。这一做法从节点、构造、结构入手，并不是仅仅针对形式，而且对形态具有很强的包容性和变化性，采用这一处理手法可以生成多样的形态，利于形式的创新表现。即便是对结构节点进行模仿，也可以在形态上进行变化从而减弱模仿痕迹，这对于设计形态的风格化与模仿问题，是一个有效的探索途径。

这种基于结构的材料使用和形式生成过程，能够超越样式、风格等形式框架的禁锢，发现新的表现形式，是对建造本体的追求，不是单纯的形式化操作，为材料表现和空间营造打开了崭新的前景。

## 7.4 技术性创意表现策略

在设计中，材料的发展与应用要充分结合技术因素，技术因素主要体现在新型材料制备技术、施工技术、形态生成技术等方面，对创意效果的营造具有重要作用。

## 7.4.1　新型材料的创意表现

新材料带来新的功能和感官认知，在设计中给人以崭新的空间体验。新型材料的发展往往依托于材料科学与技术的进步。

（1）材料科学的发展

新型装饰材料的蓬勃发展，为设计师提供了丰富的材料选择与技术支撑。第二次世界大战之后，材料科学得到迅猛发展，"以杜邦公司为例，在过去的 100 年里，其新材料的开发和产品数量就以指数级的速率增长"[1]。对于空间环境设计，受益于蓬勃发展的材料科学，无数的新材料得以创造，特别是各类复合材料，主要以金属、合成树脂（表 7-2）、橡胶、混凝土（表 7-3）、玻璃（表 7-4）、陶瓷等为基体材料，利用各类增强剂、改性剂以及新技术、新结构来改善材料性能。

[1] 国萃 . 材料表达的误读 [J]. 中外建筑，2011.5.

**塑料基质的新型装饰材料**　　　　　　　　　　　　表 7-2

| 材料名称 | 介绍 | 案例 |
|---|---|---|
| 半透明的三层塑料板材 | 硬度、抗压性较好，重量轻，呈半透明状，光线折射效果好，适用于室内隔断、墙面、地板、顶棚、家具 | |
| 半透明的蜂窝板 | 表面为聚酯或者亚克力，芯材为蜂窝结构的聚酯材料，颜色多样，用于室内隔断、门、照明墙、顶棚、家具等 | |
| 亚克力装饰板 | 根据需求定制表面纹理、起伏、图案样式，以及色彩、透明度等表面属性 | |
| 柔性太阳能光电材料 | 是由半导电聚合物和纳米材料制成。成品 2 ~ 10mm 厚，可用于屋顶、墙板、玻璃窗、百叶窗、遮阳篷等，利用太阳能集电 | |

混凝土基质的新型装饰材料                                                   表 7-3

| 材料名称 | 介绍 | 案例 |
|---|---|---|
| 立面自洁涂料 | 受荷叶表面自洁的启发，产品能长时间保持干燥和自洁能力。同时，减少了微生物对墙体表面的侵蚀 | |
| 3D 无缝墙面设计 | 一种黏合基质上的预制混凝土板材，图案可以是连续图案，还可以分块定制 | |
| 透光混凝土 | 光纤混凝土是将一定比例的光纤融入混凝土中，借助光纤良好的透光性，混凝土就具有了半透明的效果 | |
| 自生光源水泥 | 能吸收和照射光能的水泥，通过原材料（二氧化硅、河沙、工业废料、碱和水）的缩聚反应来实现 | |

玻璃基质的新型装饰材料                                                   表 7-4

| 材料名称 | 介绍 | 案例 |
|---|---|---|
| 分色效应玻璃 | 利用薄膜干涉原理，基层玻璃上采用超薄金属氧化物涂层，高折射率层和低折射率层的组合产生颜色了变化 | |
| 电控调光玻璃 | 利用 PDLC 液晶技术作为夹层，通电透明，断电呈磨砂效果或灰白不透明状。广泛应用于空间设计、隐私保护及高清投影等众多领域 | |
| 抗菌玻璃 | 在玻璃表面通过银基活性成分的作用，抑制和消除99%的细菌并防止霉菌的蔓延。适用于医院、实验室、教育中心、浴室、餐厅等 | |

续表

| 材料名称 | 介绍 | 案例 |
|---|---|---|
| LED 发光玻璃 | 将 LED 光源嵌入玻璃，形成各种款式、图案、文字，广泛应用于幕墙玻璃、橱窗、专柜、隔断、顶棚、灯具、家具、广告牌设计 | |
| 纺织品层压玻璃 | 带纤维织物的层压装饰玻璃，具有不同的图案及装饰韵味，也可以减少太阳能辐射和眩光问题，应用于室内外玻璃隔墙、门、楼梯、窗户、桌子、柜子等 | |

新型装饰材料的发展主要以功能性与装饰性需求为基本依据。

在功能性材料的发展上，一是提升材料的原有性能，比如表 7-2 中半透明的三层塑料板材、蜂窝板，通过材料结构的改进提升材料强度，使其能够作为室内及家具装饰与结构用材；二是开发新型功能，比如表 7-3 中的立面自洁涂料，通过纳米技术，涂料表面能够长时间保持干燥和自洁能力，从而减少了微生物对墙体表面的侵蚀；表 7-4 中的电控调光玻璃，利用 PDLC 液晶技术作为夹层，通电时透明，断电则呈现磨砂效果或灰白不透明状态，可以应用于空间设计、隐私保护及高清投影等众多领域。这类材料，在功能提升和拓展的同时，其表面属性也具有一定的装饰性和表现性。

新材料发展更多以装饰需求为依据，在表面属性上追求变化与创新。比如亚克力装饰板在表面肌理、色彩、透明度等方面的丰富变化，3D 无缝墙面材料在表面形态、图案上的变化，以及分色效应玻璃、LED 发光玻璃注重材料色彩、透明度等属性的变化，等等。

（2）新技术引发的材料变革

新材料和新技术的快速发展，从根本上改变了空间的设计和建造方式。技术的发展带来新的形式探讨，借助强大的软件系统，各类曲线、曲面、非线性的复杂形体逐渐成为一种空间时尚，对于这些新形态，传统材料颇有些心有余而力不足，材料也要与时俱进，不断进步和变革。

扎哈·哈迪德设计的广州歌剧院，采用曲面的玻璃和石材来完成其"圆润双砾"的意象，但石材的属性并不是非常适合制作曲面形体，"所采用的结构体系和材料并不适应其复杂的建筑形体"[1]，因而导致最终的完成效果，特别是近距离观赏的效果并不能让人十分满意。但她在歌剧院的室内以及北京银河 SOHO 售楼处室内项目中，哈迪德采用了玻璃纤维增强石膏板（GRG）和玻璃钢（FRP）材料，完成了连续的、整体的、无缝式的设计效果，这类材料在制作非线性形态时则具有明显优势。

同济大学的数字建造活动，结合 3D 打印技术，对多种材料进行建造实践，将聚丙烯材料制作成具有一定结构性能的网状构筑物（图 7-24）；把混凝土与 3D 打印材料结合，制作了一种通透的空间形态（图 7-25）。

伦敦建筑师 Gilles Retsin 采用特殊材料 3D 打印制作了风格独特的"骸骨式"家具[2]（图 7-26）。上海盈创公司采用水

[1] 张朔炯. 形态生成和物质呈现——整合化设计 [J]. 时代建筑，2012（2）: 81.
[2] 3D 打印世界. 这些 3D 打印椅子简直美翻了！[EB/OL].（2017-1-18）[2017-2-2]. http://3dprint.ofweek.com/2017-01/ART-132105-8130-30093153.html.

图 7-24　3D 打印网状结构　　　图 7-25　3D 打印混凝土结构

泥和玻璃纤维的混合物，以及特殊的助剂，利用 3D 打印技术，在上海张江高新青浦园区建造了别墅和 5 层高的楼房；2016 年 5 月，盈创公司又在迪拜推出了全球首座 3D 打印办公室（图 7-27、图 7-28）。

图 7-26　3D 打印家具

图 7-27　3D 打印建筑构件　　　　图 7-28　3D 打印建筑

　　3D 打印技术已经在军事、航空航天、汽车、建筑等多个领域得到广泛应用，3D 打印材料为这一技术的发展提供了基础支撑，如今，这一材料包括塑胶、金属（不锈钢、钛、钴铬合金及工具钢）、混凝土、碳纤维、石墨烯等。

　　在数字化技术风潮之下，或许能够引发室内空间设计领域又一次新的变革，在空间中重新展示材料、结构及其技术的魅力。

（3）虚拟材料的空间思考

近年来，声、光、电等虚拟材料在展览空间、观演空间、商场、建筑外观等公共场所，作为一种综合性的、全新的媒介形式得到广泛应用（图7-29）。在上海世博会、米兰世博会等大型国际展览中，这类虚拟材料都作为重要的表现方式。

图 7-29 光电展示室内空间

光电等虚拟材料与技术常用于表达艺术观念、塑造城市形象。Ross Blair、Brian Mcfeely、Craig Robertson 在苏格兰西洛锡安莱顿农场，利用 3D 投影映射技术，给农场的粮仓与木屋"穿"上了经典的苏格兰格子装（图7-30）。柏林勃兰登堡门在纪念性时刻也常采用投影技术，展示不同的色彩和图案，赋予勃兰登堡门非物质的表面属性（图7-31）。

伦敦举办的 Lumiere 灯节上，艺术家利用 30 个光电装置，把城市变成了户外艺术馆。Patric Warrender 设计的"灵魂之光

图 7-30　3D 投影装置艺术　　　　　图 7-31　柏林勃兰登堡门

（The Light of the Spirit ）"（图 7-32）在威斯敏斯特大教堂的西
立面上呈现了丰富变化的色彩。"光涂鸦（Light Graffiti）"互
动装置（图 7-33），利用计算机和特殊的投影设备将光源转化
成画笔，参观者可以用手机或者其他光源作画。这些艺术装置
以一种新的方式和视角展示了城市空间的魅力。

图 7-32　"灵魂之光"　　　　图 7-33　"光涂鸦"
　　　装置艺术　　　　　　　　　　互动装置

　　我国的城市建设中，把亮化工程建设作为改善和美化城市
环境的重要措施，让城市亮起来，美起来，营造了夜间城市光
彩的另一面，满足人们对城市生活环境和精神文化生活更高的
要求。"张灯结彩"是一种传统的节庆方式，来表达喜悦之情，
我国自古以来就有元宵佳节花灯会观灯赏景的习俗。亮化工程
常对标志性建筑、商场、旅游景区、街道的人流量多的地方，
采用光电技术的进行亮化和灯光展示，在城市的夜间形象、特
色营造、人文环境展示等方面具有非常积极的作用，在短短十
多年里得到了迅猛发展，并取得了辉煌的成果，不光是让城市
亮了起来，还要让城市美了起来，城市亮化工程（图 7-34）已
从单纯追求"亮度"向追求艺术、科学的方向发展，逐步实现
了由城市功能性照明向夜间形象塑造和艺术化照明方向发展。
　　虚拟材料不仅仅是一种单纯的技术呈现，最重要的是对空
间新的认知方式。物质的实在性被光电的虚拟性所替代，空间
的真实性被虚拟的数字空间所替代，空间实体界面的恒定性被
虚拟界面的变化性、即时性所替代。对物质的感知转变为对影

图 7-34　烟台滨海广场亮化

像的感知,对真实空间的感知转变为对虚拟空间的感知。色彩、
质感、肌理等表面属性,可以脱离材料的物质载体,通过虚拟
的影像技术得以呈现,而且可以根据设计需求即时改变,从而
影响空间氛围和人的感受,形成一种新的人—材料—空间的体
验方式。

当前很多的展演观、艺术馆、博物馆等,常常采用光电形
式为主体的表现手段,在空间中设置大面积的白墙,几乎摒弃
所有实体材料的质感表现,形成巨大的场景屏幕,所有需要表
现的内容以光电技术投射在白墙之上或者是白墙围合的纯净空
间之中。建筑理论家希尔维亚·勒温(Silvia Lavin)将这种影
像与墙体的交融关系形容为"亲吻"。

物质实体所塑造的空间开启了影院模式,空间的目的已经
不再是氛围、场所、物质性等观念,而是一个声光电的表演场
所,相应的材料、形式、色彩、细部等问题,转化为背景尺度、
影像内容、背景整体性、设备安装与隐藏、光电强度、投射角

度等问题,空间营造的出发点和操作要素发生了颠覆性的变化。

对材料物质性的关注不复存在,虚拟影像成为围合空间"真正"的界面,成为新的空间"材料",这一新材料具有变化性、临时性、丰富性、互动性等特点。面对这些新的变化和要求,一方面要重视虚拟材料与技术的应用;另一方面,传统材料的运用也应该紧跟脚步进行调整,及时响应新的空间要求。

在材料使用上以背景化、屏幕化为主要目的,注重界面的平面化与整体性效果。在很多艺术展观、大型展览中,界面被约简为纯净的白墙,成为影像呈现的背景。一般情况下,为减少对影像的影响,主体界面材料要具有整体性,避免多种材料的复杂组合;材料表面属性要根据实际要求精心控制,色彩纯度不要太高,质感和肌理不要太强;材料的尺度处理要结合图像及投影的面积;在材料接缝细节处理上,尽量将缝隙弱化;材料造型与组织上以简洁为主,尽量减少变化及凹凸造型。

同时,空间实体界面的材料处理要兼顾光电设施在启用和关闭两种情况下的空间效果,户外的情况要考虑到黑夜和白天两种景象,综合处理好实体材料的"缺席"与"在场"两种状态。处理好界面材料与投影和显示设备的关系,结合造型进行设备的安置;考虑光电材料与传统材料在使用中的搭配、尺度、形状等具体问题。可以结合一些新型材料,比如电控调光玻璃,通电时透明,断电时呈现磨砂或灰白不透明效果,可以很好地满足两种条件的使用要求。

随着虚拟现实（Virtual Reality）和增强现实（Augmented Reality）技术的发展,新媒体技术在空间中的使用将不断得到扩展,近两年来迅猛发展的智能穿戴设备,可以提供超强的虚拟现实空间。早在 2015 年微软发布了一款可穿戴设备"Hololens",虚拟的三维交互植入现实场景之中,将数字和真实世界交织成虚拟现实空间。Facebook 推出了 Oculus Riff,HTC 推出了 HTC Vive,Sony 公司推出了 PSVR,国内的腾讯、华为、小米、乐视等公司也纷纷涉足 VR 领域。

这些虚拟空间不再通过大型投影设备来完成，而是简化为小型的、可穿戴的智能虚拟设备来实现，在方寸之间完成对宏大空间的三维模拟，还能将虚拟空间与现实空间结合在一起。而且，在虚拟现实和增强现实技术的发展中，人的综合感知也逐渐增强，"沉浸（immerse）"式的体验将在虚拟信息空间中逐渐实现。新技术提供的不只是视觉的体验，还包括听觉、触觉等多方面的模拟。比如触觉模拟技术方面，美国莱斯大学欧什曼工程设计小组、西班牙神经数字科技公司研发的智能手套（图 7-35、图 7-36），可以感知虚拟物体，获得一定的糙滑、冷暖、肌理等触觉体验[1]。

[1] 王俊锋. 虚拟的材料 [J]. 时代建筑，2015（6）: 9.

图 7-35 欧什曼工程设计小组 的智能手套　　图 7-36 西班牙神经数字科技公司 研发的智能手套

可以预见，虚拟现实技术的不断发展，会进一步割裂人们与依靠物质材料建构的真实世界之间的关系，物质材料不再是传达"诗意栖居"的主要介质，对静态的物质材料的审美体验将重新被界定，对材料的感知随之发生改变，物质空间与虚拟空间都将成为人们生活中的"现实场景"，正如史蒂文·斯皮尔伯格在电影《头号玩家》中所展现的生活情境一般。

虚拟现实技术会对空间材料带来怎样的影响？物质世界与虚拟世界的分野，真实材料与虚拟材料区别，现实体验与虚拟体验的融合，也许只有当技术真正普及之时，我们才能真正体会虚拟技术带给材料与空间的影响。

## 7.4.2　施工技术的创新

　　木材、石材、混凝土、钢铁等材料一直是建筑及装饰的主要用材，如今，无论是材料的制备加工，还是具体的建造技术，都建立在高度发达的生产力水平之上。在材料的制备加工上，多种新型技术，特别体现在成型技术、复合材料等方面，如喷射成型、注塑成型、激光快速成型、3D打印、材料改性、复合材料技术、高温合成等，功能强大、加工精度高，再辅以多样的表面加工技术，这类常规材料在形态、性能等多方面都有着显著的提升。

　　建造技术，特别是数字建造技术的发展，利用CAD、CAM等系统，结合CNC、3D打印、机械臂等技术，材料与形体得以精确定位与建造。Lisa Iwamoto归纳了几种数字建造方法，包括断面、嵌片、折叠、等高成型、发泡等[1]。联邦理工学院采用机器人进行砖墙搭造实验（图7-37），能够依据图纸精确地完成具有丰富组织结构层次的墙体。澳大利亚马克·皮瓦茨（Mark Pivac）开发的全自动砌砖机器人"Hadrian X"（图7-38），已经走出实验室，用于实际房屋的建造，利用计算机辅助设计系统设计出形状和结构，Hadrian X就可以确定出每块砖的位置。Hadrian X拥有30m长的机械臂，每小时可砌1000块砖，还可以根据实际需要切割砖头来调整尺寸、形状等[2]。同济大学2015年6月举办的"数字未来"夏令营，采用6轴机器手

[1] Lisa Iwamoto. Digital Fabrications[M]. New York：Princeton Architecture Press，2009.
[2] 搜狐公众平台.两天砌完一栋房！世界首台全自动砌砖机器人面世！[EB/OL].（2016-08-03）[2016-9-6]. http://mt.sohu.com/20160803/n462393720.shtml.

图7-37　机械臂砌筑砖墙

图7-38　Hadrian X

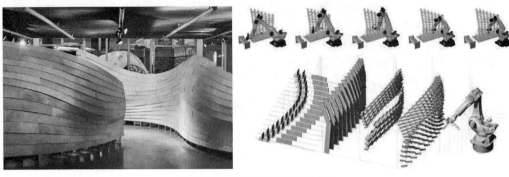

图 7-39　机械臂 KUKA 搭建木墙

[1] 豆瓣同济建筑考研.机械臂
建造——记同济建筑数字
夏令营（上篇）[EB/OL].
（2015-07-25）[2016-8-2].
http://www.douban.com/
note/509941359.

臂（图 7-39），对木材、金属、混凝土等材料进行了数字建造
实践。机器臂和 Rhino 的 Grasshopper 平台相连，把零件与
连接方式在计算机中完成建模，并模拟建造过程，机器人根据
模拟过程自动取料并定位[1]。

### 7.4.3　基于材料特性的形态生成技术

材料在漫长的空间发展历史中，一直以媒介与工具的身份
存在。文艺复兴之前，建筑师仍然要集设计与建造于一身，需
要对材料及其建造性能了然于心。而从文艺复兴开始，设计过
程开始与建造过程逐渐分离。在计算机辅助设计得到广泛应用
的今天，这一分离越发明显。计算机辅助设计大都停留在方案
的造型模拟和推敲层面，在空间和造型都基本定型之后，才开
始在造型表面进行材质的选择和模拟，这一过程体现了一种
"非物质化"的设计观念，忽略了材料性能对空间的影响。对
建造过程这一关键问题，更是在形体生成后才会进行考虑，这
种自上而下的设计方式，导致了材料使用逻辑的缺失及设计细
部的匮乏。

计算机作为一种超强技术手段，远不止简单的造型模拟。
从 20 世纪末开始，借助计算机强大的运算能力，复杂系统生
成演化原理和规律在空间设计领域中逐步应用，新的科学法则

在建筑的"找形"过程中发挥了独特的创造性和优越性。采用新技术捕捉材料特性、制造技术和空间形式中的复杂关系，在生成计算技术中，将材料的形式、结构、建造融合在一起，展现了充满技术创意的空间。"复杂性科学、自组织理论、混沌理论、涌现理论、非线性系统科学和计算机方法，探讨形态和空间的自生成机制，发展出空间设计领域的涌现和生成理论。"[1]

这一理论将"找形"的机制转化为可操作的 DNA 编码，将设计的影响因素作为一个系统，各个因素作为参数变量，通过对参数的控制，生成不同的设计结果。这一方法重在对参数的控制，而非直接针对形体，通过对过程的控制生成无穷尽的复杂形态。计算机作为重要的工具为这一理论的实现和运用提供技术支撑，借助强大的运算能力和复杂的专业软件系统，计算机可以分析参数与结果、生成形体、控制 CNC 制造构件，并精确施工，形成了"设计—生成—建造"的系列理论。涌现和生成理论"在辅助设计、自由形体生成、网络信息交换、虚拟空间等领域探索空间形态，在空间演化、参数智能设计、数字类型建构和数字媒体表现方面探索建筑生成方式，在批量定制、数控制造、柔性化生产等范围探索数字建造方法。"[2]

涌现和生成理论不是单纯的形式操作，而是一种以材料特性为基础的形态生成方式，综合了材料在性能、形态、结构、建造等多方面的因素，作为系统变量，利用计算机对众多因素的复杂关系进行探索，充分展现材料空间形态的复杂性。[3]

这一技术虽然仍以形式为最终结果，但是切入形式的角度，却落脚在形式生成的过程控制。形式作为结果而不是直接的操作对象，因而摆脱了历史风格与固有形式的禁锢，材料的各种影响因素被转化为参数，成为控制形式生成的重要因子。

Nader Tehrani 教授带领他的学生，在美国佐治亚州亚特兰

[1] 任军，当代建筑的科学之维——新科学观下的建筑形态研究 [M].南京：东南大学出版社，2009.

[2] 同上。

[3] [英]迈克尔·亨塞尔，[德]阿西姆·门奇斯，[英]迈克尔·温斯托克著.新兴科技与设计——走向建筑生态典范 [M].[新加坡]陆潇恒译.北京：中国建筑工业出版社，2014.44.

[1] Dimitris Kottas. Architecture and Construction in Plastic[M]. A&J International Design Media Limited, Mark China Magazine.148.

[2] 任军，当代建筑的科学之维——新科学观下的建筑形态研究 [M]. 南京：东南大学出版社，2009.

大完成了"A Change of State"装置（图 7-40），对几何形状、材料性能以及结构之间的关系进行实践，探索了"二维表面是否能通过直纹曲面而达到三维表面"[1]，材料的性能及结构规则最为重要，决定了物体的几何形式，并通过结构彰显材料的造型能力。项目采用的聚碳酸酯板材，柔韧性好，在旋转中表现出色，有效达到了造型目的。这一装置设计了多个部件，部件之间通过铆钉进行连接，每个部件都设计了精致的细部，来实现形状、旋转、连接等功能，充分展现了这一新技术、新科学的潜力。

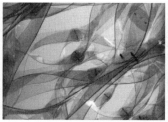

图 7-40 "A Change of State"装置

哥伦比亚大学的研究项目"材料的力量"（图 7-41），探讨了"材料在生成最小表面过程中的形态变化，最小表面就是在最小边界条件下的最大面积，是基于拓扑学的几何变换，通过特定参数可以产生一系列始于不同初始条件的最小曲面形态。"[2]

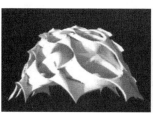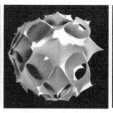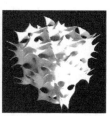

图 7-41 "材料的力量"

　　如今，以涌现和生成理论为代表的新兴技术，摆脱了常规的形态操作方法，是一种以材料特性为基础，基于原则算法与参数控制的复杂形态生成策略，是对形态和空间的自生成机制的研究。设计形态往往难以预见，变幻莫测，充满了想象力。结合新的材料与建造技术，这类复杂的形体得以精确制造与安装，成为一个极具潜力的空间设计发展方向。

# 附录 1

## 室内材料择用关注因素调查

室内材料择用关注因素调查

亲爱的受访者，您好：

本问卷主要是调查对室内环境中材料选择与使用的关注因素以及认知程度，用于分析对室内材料的看法与需求。您所填写的所有资料，仅供学术研究之用，决不对外公开，请放心做答。您的协助给本研究带来莫大的帮助，在此由衷地感谢您的支持。

### 第一部分　室内材料择用关注因素调查

（一）室内材料择用因素关注程度

本部分共遴选 13 个室内材料问题，对问题的关注程度分为 5 个量级，从 1 ～ 5 分别代表了不同的关注程度，1 代表关注程度最低，5 代表关注程度最高。请根据自己的想法进行作答，在相应等级的"□"上打"√"或用☑替代。

1. 对"材料表面属性"的关注度（主要包括材料色彩、质地、肌理、光泽、透明度等内容）

　□ 1　　　　□ 2　　　　□ 3　　　　□ 4　　　　□ 5

2. 对"材料搭配"的关注度（主要包括材料在种类、形态、尺度、表面属性等方面的搭配）

　□ 1　　　　□ 2　　　　□ 3　　　　□ 4　　　　□ 5

3. 对"材料外观形态"的关注度（主要包括材料单体形态、空间使用的整体形态、装饰形态等内容）

☐1　　　☐2　　　☐3　　　☐4　　　☐5

4. 对"材料安全性"的关注度（主要包括材料坚固性、安装牢固性、抗破坏性、防火性、阻燃性等内容）

☐1　　　☐2　　　☐3　　　☐4　　　☐5

5. 对"材料技术性"的关注度（主要包括材料制备、材料加工与表面处理工艺、建造施工技术等内容）

☐1　　　☐2　　　☐3　　　☐4　　　☐5

6. 对"材料耐久性"的关注度（主要包括材料的耐磨性、防腐性、抗老化性、变色性等内容）

☐1　　　☐2　　　☐3　　　☐4　　　☐5

7. 对"材料环保性"的关注度（主要包括材料中有害物质含量、有害物质释放时间、垃圾处理方式、能否自然降解、回收利用率等内容）

☐1　　　☐2　　　☐3　　　☐4　　　☐5

8. 对"材料经济性"的关注度（主要包括材料的使用寿命、价格、施工成本、维护保养成本、更换成本、回收成本等内容）

☐1　　　☐2　　　☐3　　　☐4　　　☐5

9. 对"材料功能性"的关注度（主要包括保温、隔热等热力学性质、隔音、吸声等声学性质、遮光、透光、反射等光学性质、防水防潮性能等内容）

☐1　　　☐2　　　☐3　　　☐4　　　☐5

10. 对"材料组织规则"的关注度（主要指材料在空间使用中遵循的美学、结构、技术等方面规则）

☐1　　　☐2　　　☐3　　　☐4　　　☐5

11. 对"材料社会性"的关注度（主要包括材料的文化艺术价值、情感特征、等级特征、伦理价值等内容）

☐1　　　☐2　　　☐3　　　☐4　　　☐5

12. 对"材料知觉性"的关注度（主要包括视觉、触觉、嗅觉、听觉、味觉等感官体验内容）

☐ 1　　　☐ 2　　　☐ 3　　　☐ 4　　　☐ 5

13. 对"材料结构性能"的关注度（主要包括材料的节点构造、结构形式、力学呈现关系、结构表现关系等内容）

☐ 1　　　☐ 2　　　☐ 3　　　☐ 4　　　☐ 5

14. 如果您认为还有其他因素比较重要，请填写在下方，并选择关注等级。

＿＿＿＿＿＿＿＿☐ 1　　☐ 2　　☐ 3　　☐ 4　　☐ 5

＿＿＿＿＿＿＿＿☐ 1　　☐ 2　　☐ 3　　☐ 4　　☐ 5

＿＿＿＿＿＿＿＿☐ 1　　☐ 2　　☐ 3　　☐ 4　　☐ 5

（二）影响室内空间效果的材料因素

15. 请在以上 13 个调研内容中选取 5 个您认为最能影响室内空间效果的因素，在对应的序号上勾选。如果您认为还有其他重要影响因素未列入，请填写在下方。

☐ (1)　☐ (2)　☐ (3)　☐ (4)　☐ (5)　☐ (6)　☐ (7)

☐ (8)　☐ (9)　☐ (10)　☐ (11)　☐ (12)　☐ (13)

☐ (14)＿＿＿＿＿　☐ (15)＿＿＿＿＿＿　☐ (16)＿＿＿＿＿。

## 第二部分　受测者基本资料（请在选项上打"√"或用 ☑ 替代）

1. 性　　别：☐男　　　　　　☐女

2. 年　　龄：☐ 20 岁以下　　☐ 21 ~ 30 岁　　☐ 31 ~ 40 岁

　　　　　　☐ 41 ~ 50 岁　　☐ 50 岁以上

3. 教育程度：☐初中及以下　　☐高中

　　　　　　☐大学（专科、本科）　　☐硕士及以上

4. 年 收 入：☐ 6 万以下　　☐ 6 万 ~ 10 万

　　　　　　☐ 10 万 ~ 15 万　　☐ 15 万以上

5. 设计背景：☐有　　　　　　☐无

# 附录 2

## 材料表现因素与空间效果相关性调查问卷

### 材料表现因素与空间效果相关性调查问卷

亲爱的朋友：

您好。本问卷旨在研究材料的各种表现因素对空间效果的影响，判断以下各因素对空间效果的影响程度。

问卷分为两个部分，第一部分为空间效果满意度评测，第二部分为材料表现因素评测。

请仔细观察每一个空间样本，对案例中材料的各类表现因素对空间效果的影响程度作出判断，从 1 ~ 5 共 5 个量级，1 代表程度最轻，5 代表程度最高，在相应的格子里打勾。

请根据自己的主观感受进行作答，并务必不要遗漏。

您的协助给本研究带来莫大的帮助，在此由衷地表示感谢。

## 一、空间效果评测

| 样本 | 创意效果 | 氛围效果 | 样本 | 创意效果 | 氛围效果 |
|------|----------|----------|------|----------|----------|
| 1 | □□□□□ | □□□□□ | 19 | □□□□□ | □□□□□ |
| 2 | □□□□□ | □□□□□ | 20 | □□□□□ | □□□□□ |
| 3 | □□□□□ | □□□□□ | 21 | □□□□□ | □□□□□ |
| 4 | □□□□□ | □□□□□ | 22 | □□□□□ | □□□□□ |
| 5 | □□□□□ | □□□□□ | 23 | □□□□□ | □□□□□ |

续表

| 样本 | 创意效果 | 氛围效果 | 样本 | 创意效果 | 氛围效果 |
|---|---|---|---|---|---|
| 6 | ☐☐☐☐☐ | ☐☐☐☐☐ | 24 | ☐☐☐☐☐ | ☐☐☐☐☐ |
| 7 | ☐☐☐☐☐ | ☐☐☐☐☐ | 25 | ☐☐☐☐☐ | ☐☐☐☐☐ |
| 8 | ☐☐☐☐☐ | ☐☐☐☐☐ | 26 | ☐☐☐☐☐ | ☐☐☐☐☐ |
| 9 | ☐☐☐☐☐ | ☐☐☐☐☐ | 27 | ☐☐☐☐☐ | ☐☐☐☐☐ |
| 10 | ☐☐☐☐☐ | ☐☐☐☐☐ | 28 | ☐☐☐☐☐ | ☐☐☐☐☐ |
| 11 | ☐☐☐☐☐ | ☐☐☐☐☐ | 29 | ☐☐☐☐☐ | ☐☐☐☐☐ |
| 12 | ☐☐☐☐☐ | ☐☐☐☐☐ | 30 | ☐☐☐☐☐ | ☐☐☐☐☐ |
| 13 | ☐☐☐☐☐ | ☐☐☐☐☐ | 31 | ☐☐☐☐☐ | ☐☐☐☐☐ |
| 14 | ☐☐☐☐☐ | ☐☐☐☐☐ | 32 | ☐☐☐☐☐ | ☐☐☐☐☐ |
| 15 | ☐☐☐☐☐ | ☐☐☐☐☐ | 33 | ☐☐☐☐☐ | ☐☐☐☐☐ |
| 16 | ☐☐☐☐☐ | ☐☐☐☐☐ | 34 | ☐☐☐☐☐ | ☐☐☐☐☐ |
| 17 | ☐☐☐☐☐ | ☐☐☐☐☐ | 35 | ☐☐☐☐☐ | ☐☐☐☐☐ |
| 18 | ☐☐☐☐☐ | ☐☐☐☐☐ | 36 | ☐☐☐☐☐ | ☐☐☐☐☐ |

## 二、材料表现因素评测

| 编号 | 表面属性<br>1 2 3 4 5 | 材料搭配<br>1 2 3 4 5 | 外观形态<br>1 2 3 4 5 | 组织规则<br>1 2 3 4 5 | 结构表现<br>1 2 3 4 5 | 技术表现<br>1 2 3 4 5 |
|---|---|---|---|---|---|---|
| 1 | ☐☐☐☐☐ | ☐☐☐☐☐ | ☐☐☐☐☐ | ☐☐☐☐☐ | ☐☐☐☐☐ | ☐☐☐☐☐ |
| 2 | ☐☐☐☐☐ | ☐☐☐☐☐ | ☐☐☐☐☐ | ☐☐☐☐☐ | ☐☐☐☐☐ | ☐☐☐☐☐ |
| 3 | ☐☐☐☐☐ | ☐☐☐☐☐ | ☐☐☐☐☐ | ☐☐☐☐☐ | ☐☐☐☐☐ | ☐☐☐☐☐ |
| 4 | ☐☐☐☐☐ | ☐☐☐☐☐ | ☐☐☐☐☐ | ☐☐☐☐☐ | ☐☐☐☐☐ | ☐☐☐☐☐ |
| 5 | ☐☐☐☐☐ | ☐☐☐☐☐ | ☐☐☐☐☐ | ☐☐☐☐☐ | ☐☐☐☐☐ | ☐☐☐☐☐ |
| 6 | ☐☐☐☐☐ | ☐☐☐☐☐ | ☐☐☐☐☐ | ☐☐☐☐☐ | ☐☐☐☐☐ | ☐☐☐☐☐ |
| 7 | ☐☐☐☐☐ | ☐☐☐☐☐ | ☐☐☐☐☐ | ☐☐☐☐☐ | ☐☐☐☐☐ | ☐☐☐☐☐ |
| 8 | ☐☐☐☐☐ | ☐☐☐☐☐ | ☐☐☐☐☐ | ☐☐☐☐☐ | ☐☐☐☐☐ | ☐☐☐☐☐ |
| 9 | ☐☐☐☐☐ | ☐☐☐☐☐ | ☐☐☐☐☐ | ☐☐☐☐☐ | ☐☐☐☐☐ | ☐☐☐☐☐ |
| 10 | ☐☐☐☐☐ | ☐☐☐☐☐ | ☐☐☐☐☐ | ☐☐☐☐☐ | ☐☐☐☐☐ | ☐☐☐☐☐ |

续表

| 编号 | 表面属性<br>1 2 3 4 5 | 材料搭配<br>1 2 3 4 5 | 外观形态<br>1 2 3 4 5 | 组织规则<br>1 2 3 4 5 | 结构表现<br>1 2 3 4 5 | 技术表现<br>1 2 3 4 5 |
|---|---|---|---|---|---|---|
| 11 | □□□□□ | □□□□□ | □□□□□ | □□□□□ | □□□□□ | □□□□□ |
| 12 | □□□□□ | □□□□□ | □□□□□ | □□□□□ | □□□□□ | □□□□□ |
| 13 | □□□□□ | □□□□□ | □□□□□ | □□□□□ | □□□□□ | □□□□□ |
| 14 | □□□□□ | □□□□□ | □□□□□ | □□□□□ | □□□□□ | □□□□□ |
| 15 | □□□□□ | □□□□□ | □□□□□ | □□□□□ | □□□□□ | □□□□□ |
| 16 | □□□□□ | □□□□□ | □□□□□ | □□□□□ | □□□□□ | □□□□□ |
| 17 | □□□□□ | □□□□□ | □□□□□ | □□□□□ | □□□□□ | □□□□□ |
| 18 | □□□□□ | □□□□□ | □□□□□ | □□□□□ | □□□□□ | □□□□□ |
| 19 | □□□□□ | □□□□□ | □□□□□ | □□□□□ | □□□□□ | □□□□□ |
| 20 | □□□□□ | □□□□□ | □□□□□ | □□□□□ | □□□□□ | □□□□□ |
| 21 | □□□□□ | □□□□□ | □□□□□ | □□□□□ | □□□□□ | □□□□□ |
| 22 | □□□□□ | □□□□□ | □□□□□ | □□□□□ | □□□□□ | □□□□□ |
| 23 | □□□□□ | □□□□□ | □□□□□ | □□□□□ | □□□□□ | □□□□□ |
| 24 | □□□□□ | □□□□□ | □□□□□ | □□□□□ | □□□□□ | □□□□□ |
| 25 | □□□□□ | □□□□□ | □□□□□ | □□□□□ | □□□□□ | □□□□□ |
| 26 | □□□□□ | □□□□□ | □□□□□ | □□□□□ | □□□□□ | □□□□□ |
| 27 | □□□□□ | □□□□□ | □□□□□ | □□□□□ | □□□□□ | □□□□□ |
| 28 | □□□□□ | □□□□□ | □□□□□ | □□□□□ | □□□□□ | □□□□□ |
| 29 | □□□□□ | □□□□□ | □□□□□ | □□□□□ | □□□□□ | □□□□□ |
| 30 | □□□□□ | □□□□□ | □□□□□ | □□□□□ | □□□□□ | □□□□□ |
| 31 | □□□□□ | □□□□□ | □□□□□ | □□□□□ | □□□□□ | □□□□□ |
| 32 | □□□□□ | □□□□□ | □□□□□ | □□□□□ | □□□□□ | □□□□□ |
| 33 | □□□□□ | □□□□□ | □□□□□ | □□□□□ | □□□□□ | □□□□□ |
| 34 | □□□□□ | □□□□□ | □□□□□ | □□□□□ | □□□□□ | □□□□□ |
| 35 | □□□□□ | □□□□□ | □□□□□ | □□□□□ | □□□□□ | □□□□□ |
| 36 | □□□□□ | □□□□□ | □□□□□ | □□□□□ | □□□□□ | □□□□□ |

# 附录 3

## 材料表现因素与空间效果相关性评测问卷

<br>

### 材料表现因素与空间效果相关性评测问卷（样例）

亲爱的朋友：

您好。本问卷旨在研究材料的各种表现因素对空间效果的影响，判断以下各因素对空间效果的影响程度。

请仔细观察每一个空间样本，对空间创意效果、氛围效果满意度进行评测；然后评测材料表现因素对空间效果的影响程度。从 1～5 共 5 个量级，1 代表程度最轻，5 代表程度最高，在相应的格子里打勾。

请根据自己的主观感受进行作答，并务必不要遗漏。

您的协助给本研究带来莫大的帮助，在此由衷地表示感谢。

| 编号 | 样本图片 | 评测内容 |
| --- | --- | --- |
| 1 | | 　　　　　1 2 3 4 5<br>创意效果 □□□□□<br>氛围效果 □□□□□<br><br>表面属性 □□□□□<br>材料搭配 □□□□□<br>外观形态 □□□□□<br>组织规则 □□□□□<br>结构表现 □□□□□<br>技术表现 □□□□□ |

续表

| 编号 | 样本图片 | 评测内容 |
|---|---|---|
| 2 | 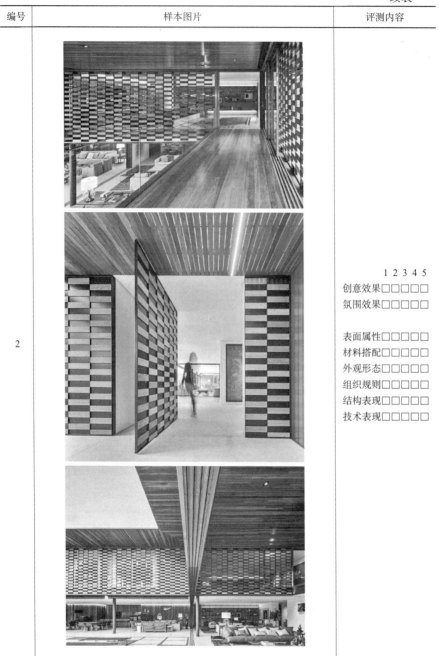 | 　　　　1 2 3 4 5<br>创意效果□□□□□<br>氛围效果□□□□□<br><br>表面属性□□□□□<br>材料搭配□□□□□<br>外观形态□□□□□<br>组织规则□□□□□<br>结构表现□□□□□<br>技术表现□□□□□ |

# 附录4

## 木质空间环境氛围感性语意调查

### 木质空间环境氛围感性语意调查

亲爱的朋友：

您好！

本问卷是针对木质空间环境氛围感性意象的调查，请根据自身的认知经验，在下面的162个形容词中，选择适合评价木质空间环境氛围的语意，直接打"√"即可，语意数量不限，尽量不低于30个。

您的意见对本研究具有重要帮助，非常感谢您的支持！

| | | | | | | | | |
|---|---|---|---|---|---|---|---|---|
| 呆板的 | 单调的 | 乏味的 | 动感的 | 活泼的 | 活力的 | 丰富的 | 感性的 | 理性的 |
| 瑰丽的 | 华丽的 | 炫丽的 | 雍容的 | 坚固的 | 简朴的 | 简洁的 | 考究的 | 草率的 |
| 纯净的 | 单纯的 | 独特的 | 高级的 | 豪华的 | 精致的 | 低档的 | 廉价的 | 普通的 |
| 刺激的 | 鲜艳的 | 明快的 | 多变的 | 和谐的 | 强烈的 | 柔和的 | 柔美的 | 奢华的 |
| 清新的 | 坚硬的 | 传统的 | 粗糙的 | 光滑的 | 粗犷的 | 流畅的 | 阻滞的 | 平滑的 |
| 大方的 | 小气的 | 拘谨的 | 轻薄的 | 秀气的 | 阳刚的 | 优质的 | 愉悦的 | 舒适的 |
| 弹性的 | 干净的 | 高雅的 | 典雅的 | 雅致的 | 素雅的 | 厚重的 | 笨重的 | 稳重的 |
| 庄重的 | 凝重的 | 平凡的 | 简单的 | 经典的 | 沉稳的 | 创意的 | 浪漫的 | 现实的 |
| 曲线的 | 几何的 | 大众化 | 个性的 | 别致的 | 古朴的 | 奇特的 | 可爱的 | 动感的 |
| 饱满的 | 安全的 | 健康的 | 科技的 | 耐用的 | 实用的 | 环保的 | 直线的 | 圆润的 |
| 科技的 | 美丽的 | 难看的 | 俗气的 | 庸俗的 | 生动的 | 静谧的 | 自然的 | 气派的 |
| 统一的 | 变化的 | 便宜的 | 昂贵的 | 田园的 | 都市的 | 新潮的 | 新奇的 | 轻松的 |
| 品位的 | 前卫的 | 时代的 | 时尚的 | 现代的 | 古典的 | 未来的 | 流行的 | 落伍的 |
| 贴心的 | 温和的 | 温暖的 | 温馨的 | 亲切的 | 细腻的 | 冷漠的 | 冰冷的 | 凉爽的 |
| 协调的 | 新颖的 | 艺术的 | 清晰的 | 鲜明的 | 人造的 | 通俗的 | 纤细的 | 自在的 |
| 男性的 | 平淡的 | 强劲的 | 青春的 | 清新的 | 女性的 | 中性的 | 热闹的 | 柔软的 |
| 整齐的 | 装饰的 | 宁静的 | 朴实的 | 质朴的 | 兴奋的 | 平静的 | 律动的 | 平缓的 |
| 舒缓的 | 正式的 | 休闲的 | 严肃的 | 优美的 | 运动的 | 生活的 | 喧嚣的 | 喜庆的 |

# 附录5

## 木质空间环境氛围意象语意分群表

**木质空间环境氛围意象语意分群表**

亲爱的朋友：

您好！本调查问卷目的是对木质空间环境氛围意象语意进行分群，您的回答将帮助了解对木质空间环境氛围意象语意的认知和空间分布。

请按照自己的主观感受对以下32个语意根据相似程度进行分群，将每个词汇的编号填写在相应群中，群数控制在4～7群，每群中词汇的数目不必一致。

感谢您对本次调查的支持！


具体词汇如下：

| | | | | |
|---|---|---|---|---|
| 1. 单调的 | 2. 动感的 | 3. 活泼的 | 4. 丰富的 | 5. 华丽的 |
| 6. 简洁的 | 7. 奢华的 | 8. 明快的 | 9. 柔美的 | 10. 清新的 |
| 11. 粗犷的 | 12. 流畅的 | 13. 平滑的 | 14. 大方的 | 15. 愉悦的 |
| 16. 舒适的 | 17. 弹性的 | 18. 典雅的 | 19. 庄重的 | 20. 个性的 |
| 21. 古朴的 | 22. 田园的 | 23. 时尚的 | 24. 温馨的 | 25. 亲切的 |
| 26. 细腻的 | 27. 协调的 | 28. 生动的 | 29. 质朴的 | 30. 轻松的 |
| 31. 清晰的 | 32. 自然的 | | | |

| 木质空间环境感性意象语意分群 | | | | | | |
|---|---|---|---|---|---|---|
| 第一群 | 第二群 | 第三群 | 第四群 | 第五群 | 第六群 | 第七群 |
| | | | | | | |

# 附录 6

## 木质空间环境氛围感性意象调查问卷

### 木质空间环境氛围感性意象调查问卷

亲爱的朋友：

您好！以下室内空间样本都是以木材为主体材料，请仔细观察，并对木质空间环境氛围与各意象语意的符合度进行判定，从 1～5 共 5 个量级，1 代表符合度最低，5 代表符合度最高，在相应的格子里打勾。请根据自己的主观感受进行作答，并务必不要遗漏。

您的协助给本研究带来莫大的帮助，在此由衷地表示感谢。

| 编号 | 动感的<br>1 2 3 4 5 | 粗犷的<br>1 2 3 4 5 | 明快的<br>1 2 3 4 5 | 个性的<br>1 2 3 4 5 | 愉悦的<br>1 2 3 4 5 | 奢华的<br>1 2 3 4 5 |
|---|---|---|---|---|---|---|
| 1 | □□□□□ | □□□□□ | □□□□□ | □□□□□ | □□□□□ | □□□□□ |
| 2 | □□□□□ | □□□□□ | □□□□□ | □□□□□ | □□□□□ | □□□□□ |
| 3 | □□□□□ | □□□□□ | □□□□□ | □□□□□ | □□□□□ | □□□□□ |
| 4 | □□□□□ | □□□□□ | □□□□□ | □□□□□ | □□□□□ | □□□□□ |
| 5 | □□□□□ | □□□□□ | □□□□□ | □□□□□ | □□□□□ | □□□□□ |
| 6 | □□□□□ | □□□□□ | □□□□□ | □□□□□ | □□□□□ | □□□□□ |
| 7 | □□□□□ | □□□□□ | □□□□□ | □□□□□ | □□□□□ | □□□□□ |
| 8 | □□□□□ | □□□□□ | □□□□□ | □□□□□ | □□□□□ | □□□□□ |
| 9 | □□□□□ | □□□□□ | □□□□□ | □□□□□ | □□□□□ | □□□□□ |

续表

| 编号 | 动感的<br>1 2 3 4 5 | 粗犷的<br>1 2 3 4 5 | 明快的<br>1 2 3 4 5 | 个性的<br>1 2 3 4 5 | 愉悦的<br>1 2 3 4 5 | 奢华的<br>1 2 3 4 5 |
|---|---|---|---|---|---|---|
| 10 | □□□□□ | □□□□□ | □□□□□ | □□□□□ | □□□□□ | □□□□□ |
| 11 | □□□□□ | □□□□□ | □□□□□ | □□□□□ | □□□□□ | □□□□□ |
| 12 | □□□□□ | □□□□□ | □□□□□ | □□□□□ | □□□□□ | □□□□□ |
| 13 | □□□□□ | □□□□□ | □□□□□ | □□□□□ | □□□□□ | □□□□□ |
| 14 | □□□□□ | □□□□□ | □□□□□ | □□□□□ | □□□□□ | □□□□□ |
| 15 | □□□□□ | □□□□□ | □□□□□ | □□□□□ | □□□□□ | □□□□□ |
| 16 | □□□□□ | □□□□□ | □□□□□ | □□□□□ | □□□□□ | □□□□□ |
| 17 | □□□□□ | □□□□□ | □□□□□ | □□□□□ | □□□□□ | □□□□□ |
| 18 | □□□□□ | □□□□□ | □□□□□ | □□□□□ | □□□□□ | □□□□□ |
| 19 | □□□□□ | □□□□□ | □□□□□ | □□□□□ | □□□□□ | □□□□□ |
| 20 | □□□□□ | □□□□□ | □□□□□ | □□□□□ | □□□□□ | □□□□□ |
| 21 | □□□□□ | □□□□□ | □□□□□ | □□□□□ | □□□□□ | □□□□□ |
| 22 | □□□□□ | □□□□□ | □□□□□ | □□□□□ | □□□□□ | □□□□□ |
| 23 | □□□□□ | □□□□□ | □□□□□ | □□□□□ | □□□□□ | □□□□□ |
| 24 | □□□□□ | □□□□□ | □□□□□ | □□□□□ | □□□□□ | □□□□□ |
| 25 | □□□□□ | □□□□□ | □□□□□ | □□□□□ | □□□□□ | □□□□□ |
| 26 | □□□□□ | □□□□□ | □□□□□ | □□□□□ | □□□□□ | □□□□□ |
| 27 | □□□□□ | □□□□□ | □□□□□ | □□□□□ | □□□□□ | □□□□□ |
| 28 | □□□□□ | □□□□□ | □□□□□ | □□□□□ | □□□□□ | □□□□□ |
| 29 | □□□□□ | □□□□□ | □□□□□ | □□□□□ | □□□□□ | □□□□□ |
| 30 | □□□□□ | □□□□□ | □□□□□ | □□□□□ | □□□□□ | □□□□□ |
| 31 | □□□□□ | □□□□□ | □□□□□ | □□□□□ | □□□□□ | □□□□□ |
| 32 | □□□□□ | □□□□□ | □□□□□ | □□□□□ | □□□□□ | □□□□□ |

# 附录7
## 木质空间环境氛围感性意象测评问卷

### 木质空间环境氛围感性意象测评问卷

亲爱的朋友：

您好！以下室内空间样本都是以木材为主体材料，请仔细观察，并对木质空间环境氛围与各意象语意的符合度进行判定，从 1～5 共 5 个量级，1 代表符合度最低，5 代表符合度最高，在相应的格子里打勾。请根据自己的主观感受进行作答，并务必不要遗漏。

您的协助给本研究带来莫大的帮助，在此由衷地表示感谢。

| 编号 | 样本图片 | 评测内容 |
|:---:|:---:|:---|
| 1 | | 　　　　1 2 3 4 5<br>动感的 □□□□□<br>粗犷的 □□□□□<br>明快的 □□□□□<br>个性的 □□□□□<br>愉悦的 □□□□□<br>奢华的 □□□□□ |
| 2 | | 　　　　1 2 3 4 5<br>动感的 □□□□□<br>粗犷的 □□□□□<br>明快的 □□□□□<br>个性的 □□□□□<br>愉悦的 □□□□□<br>奢华的 □□□□□ |

| 编号 | 样本图片 | 评测内容 |
|---|---|---|
| 3 | | 　　　　1 2 3 4 5<br>动感的 □□□□□<br>粗犷的 □□□□□<br>明快的 □□□□□<br>个性的 □□□□□<br>愉悦的 □□□□□<br>奢华的 □□□□□ |
| 4 | | 　　　　1 2 3 4 5<br>动感的 □□□□□<br>粗犷的 □□□□□<br>明快的 □□□□□<br>个性的 □□□□□<br>愉悦的 □□□□□<br>奢华的 □□□□□ |
| 5 | | 　　　　1 2 3 4 5<br>动感的 □□□□□<br>粗犷的 □□□□□<br>明快的 □□□□□<br>个性的 □□□□□<br>愉悦的 □□□□□<br>奢华的 □□□□□ |
| 6 | | 　　　　1 2 3 4 5<br>动感的 □□□□□<br>粗犷的 □□□□□<br>明快的 □□□□□<br>个性的 □□□□□<br>愉悦的 □□□□□<br>奢华的 □□□□□ |

| 编号 | 样本图片 | 评测内容 |
|------|----------|----------|
| 7 | | 1 2 3 4 5<br>动感的 □□□□□<br>粗犷的 □□□□□<br>明快的 □□□□□<br>个性的 □□□□□<br>愉悦的 □□□□□<br>奢华的 □□□□□ |
| 8 | | 1 2 3 4 5<br>动感的 □□□□□<br>粗犷的 □□□□□<br>明快的 □□□□□<br>个性的 □□□□□<br>愉悦的 □□□□□<br>奢华的 □□□□□ |

# 参考文献

[1]  World Health Organization. Reducing Risks，Promoting Healthy Life：The World Health Report 2002[R]. WHO，2002.

[2]  西北教育网 . 现阶段室内环境污染正成为严重的环境问题 [EB/OL].（2017-11-16）[2017-12-12]. http://xbjiaoyuwang. com/huanbao/2017-11-16/4466.html.

[3]  凤凰网资讯 . 钟南山：9 成白血病患儿曾遭遇这一室内"凶手"[EB/OL].（2016-12-15）[2017-1-12]. http://news. ifeng. com/a/20161215/50422989_0. shtml.

[4]  中国产业信息网 . 建筑装饰行业市场集中度低解析 [EB/OL].（2013-05-14）[2014-6-8]. http://www. chyxx. com/industry/201305/203591.html.

[5]  郑曙旸 . 绿色设计之路——室内设计面向未来的唯一选择 [J]. 建筑创作,2002（10）.

[6]  董赤 . 新时期 30 年室内设计艺术历程研究 [D]. 长春：东北师范大学，2010.

[7]  黄白 . 对我国建筑装饰行业发展若干问题的认识和评估（上）[J]. 室内,1993（1）.

[8]  华霞虹 . 当代中国的消费梦想与建筑狂欢：1992 年以来 [J]. 时代建筑，2010（1）.

[9]  [美] 迈克尔·布劳恩著 . 建筑的思考：设计的过程和预期洞察力 [M]. 蔡凯臻，徐伟译 . 北京：中国建筑工业出版社，2007.

[10]  陈达昌 . 材质表面处理之质感意象探讨——以笔记型电脑为例 [D]. 台湾：台湾科大，2009.

[11]  蔡承谕 . 视触觉之形态与材质对产品意象影响研究 [D]. 台湾：台湾云林科技大学，2004.

[12]  陈长志 . 木质材料意象应用在家具设计之研究 [D]. 台湾：台湾南华大学，2007.

[13]  简丽如 . 产品之材料意象在感觉认知之研究——以桌灯为例 [D]. 台湾：台湾私立东海大学工业设计研究所，2003.

[14]  任杰，金志成，龚维娜 . 场认知方式与外显内隐记忆的关系研究 [J]. 心理科学，2009，32（5）.

[15] 赵明. 建筑设计中的材料维度：砖 [D]. 南京：东南大学，2007.

[16] 范文昀. 混凝土的"显现"及其"诗意"设计初探——建构文化视野的材料本质探索 [J]. 华中建筑，2009，27（1）.

[17] 黄杏玲，王宇，黄彬. 玻璃的建筑表达 [J]. 华中建筑，2003，21（5）.

[18] 李宇. 建筑的材料表现力 [D]. 上海：同济大学，2007.

[19] 西安建筑科技大学等. 建筑材料 [M]. 北京：中国建筑工业出版社，2004.

[20] 商务印书馆. 新华字典 [M]. 北京：商务印书馆，2012.

[21] Richard A Goldthwaite. The Building of Renaissance Florence[M]. Baltimore：Johns Hopkins University Press，1982.

[22] Lynne Elizabeth and Cassandra Adams，eds. Alternative Construction：Contemporary Natural Building Methods[M]. New York：John Wiley，2000.

[23] 陈志华. 外国建筑史 [M]. 北京：中国建筑工业出版社，2004.

[24] 杨国忠，直长运. 论"土"在中国古代建筑中的作用与地位 [J]. 河南大学学报（社会科学版），2010，50（6）.

[25] 陶有生. 墙体材料的发展 [J]. 砖瓦，2011（11）.

[26] 于群，杨晓慧. 木结构建筑的回归与发展 [J]. 沈阳大学学报，2004，16（6）.

[27] 王春雨. 浅谈木建筑的发展历程作者 [J]. 山西建筑，2008，34（12）.

[28] 胡冬香. 中国古建筑木构体系一脉相承之意识形态原因浅析 [J]. 华中建筑，2005，23（6）.

[29] 赵晖，刘岩. 木结构在中国的应用 [J]. 城市建设理论研究（电子版），2011（34）.

[30] 施煜庭. 现代木结构建筑在我国的应用模式及前景的研究 [D]. 南京：南京林业大学，2006.

[31] [英] 理查德·韦斯顿著. 材料、形式和建筑 [M]. 范肃宁，陈佳良译. 北京：中国水利水电出版社，知识产权出版社，2005.

[32] 李春棠. 铜冶炼技术的历史变迁 [J]. 资源再生，2009（6）.

[33] 吴杏全. 从商代铁刃铜钺谈我国用铁的历史 [J]. 河北经贸大学学报（综合版），2009，9（3）.

[34] 张丽萍. 金属材料在建筑外立面的应用 [J]. 新型建筑材料年鉴，2005（7）.

[35] Michael Wigginton. Glass in Architecture[M]. London：Phaidon，1996.

[36] 汪卫华 . 金属玻璃研究简史 [J]. 物理，2011，40（11）.

[37] 王承遇，李松基，陶瑛，张咸贵 . 玻璃史上的十大里程碑及未来发展趋势 [J]. 玻璃与搪瓷，2010，38（3）.

[38] 黄颖 . 玻璃和金属的建筑 [D]. 重庆：重庆大学，2001.

[39] Victoria Ballard Bell. Materials for Design[M]. Princeton Architectural Press，2006：14.

[40] 吴正直 . 德国建材发展史（三）混凝土——历史悠久的房建材料 [J]. 房材与应用，2003，31（4）.

[41] [ 美 ] 维多利亚·巴拉德·贝尔，帕特里克·兰德著 . 材料、形式和建筑 [M]. 朱蓉译 . 北京：中国电力出版社，2008.

[42] 360 百科 . 感性认识 [EB/OL]. [2014-6-6]. http://baike. so. com/doc/5552471-5767580.html.

[43] 360 百科 . 理性认识 [EB/OL]. [2014-6-7]. http://baike. so. com/doc/5922134-6135055.html

[44] 卫大可，刘德明，郭春燕 . 建筑形态的结构逻辑 [M]. 北京：中国建筑工业出版社，2013.

[45] [ 美 ] 菲尔·赫恩著 . 塑成建筑的思想 [M]. 张宇译 . 北京：中国建筑工业出版社，2006.

[46] [ 古罗马 ] 维特鲁威著 . 建筑十书 [M]. 高履泰译 . 北京：中国建筑工业出版社，1986.

[47] [ 希腊 ] 安东尼·C·安东尼亚德斯著 . 建筑诗学——设计理论 [M]. 周玉鹏，张鹏译 . 北京：中国建筑工业出版社，2006.

[48] [ 意 ] 莱昂·巴蒂斯塔·阿尔伯蒂著 . 建筑论——阿尔伯蒂建筑十书 [M]. 王贵祥译 . 北京：中国建筑工业出版社，2010.

[49] 吴富民 . 材料力学发展简史一 [J]. 西北工业大学学报，1957（4）.

[50] 江森 . 论材料力学的发展和知识更新 [J]. 重庆工学院学报，2000，14（6）.

[51] 苗力田主编 . 亚里士多德全集（第三卷）[M]. 北京：中国人民大学出版社，1992.

[52] [ 美 ] 莫特玛·阿德勒 . 西方思想宝库 [M]. 北京：中国广播电视出版社，1991.

[53] 卡罗琳·考斯梅尔 . 味觉 [M]. 北京：中国友谊出版公司，2001.

[54] 张耀翔 . 感觉、情绪及其他 [M]. 上海：上海人民出版社，1986.

[55] 马涛 . 产品设计中的材料质感与肌理辨析 [J]. 家具与室内装饰，2016（3）.

[56] 金岳霖 . 形式逻辑 [M]. 北京：人民出版社，1979.

[57] 史永高.材料呈现——19和20世纪西方建筑中材料的建造-空间双重性研究[M]. 南京：东南大学出版社，2008.

[58] ［英］戴维·史密斯·卡彭著.建筑理论（上）[M].王贵祥译.北京：中国建筑工 业出版社，2007.

[59] Adrian Forty. Words and Buildings：A Vocabulary of Modern Architecture[M]. New York：Thames& Hudson，2000：294.

[60] ［美］肯尼思·弗兰姆普敦著.建构文化研究：论19世纪和20世纪建筑中的建造 诗学[M].王骏阳译.北京：中国建筑工业出版社，2007.

[61] 百度百科.庞贝壁画[EB/OL].[2014-7-1]. http://baike. baidu. com/view/31768. htm.

[62] ［德］戈特弗里德·森佩尔著.建筑四要素[M].罗德胤，赵雯雯，包志禹译.北京： 中国建筑工业出版社，2010.

[63] Tonkao Panin. Space-Art：The Dialectic between the Concepts of Raum and Bekleidung [D]. Phd diss. ，University of Pennsylvania，2003.

[64] Adolf Loos. "The Principle of cladding" in Spoken into the Void：Collected Essays 1897-1900，translated by Jane O. Newman and John H. Smith. Cambridge：The MIT Press，1982.

[65] 阿道夫·路斯著.饰面的原则[J].史永高译.时代建筑，2010（3）.

[66] 王为.混凝土与建筑表层——一个关于建筑观念史的个案研究[J].新建筑，2013.

[67] 黄厚石.事实与价值——卢斯装饰批判的批判[D].北京：中央美术学院，2007.

[68] 史永高.是什么构成了材料问题之于建筑的基本性[J].新建筑，2013（5）.

[69] Le Corbusier. The DecorativeArt of Today trans. James Dunnet [M]. Cambridge：MIT Press，1987.

[70] Le Corbusier. "A Coat of Whitewash：The Law of Ripolin" in Le Corbusier，The Decorative Art of Today，trans. James Dunnet[M]　Cambridge：MIT Press，1987.

[71] 司化，杨茂川.现代建筑表皮的构成材料探析[J].美与时代（上），2011.

[72] Edward R Ford. The Details of Modern Architecture [M]. Cambridge，Mass：MIT Press，1990.

[73] 史永高.表皮，表层，表面：一个建筑学主题的沉沦与重生[J].建筑学报，2013（8）.

[74] 陈龙.表皮的阐释[D].北京：清华大学，2003.

[75] Mohsen Mostafavi，David Leatherbarrow. On Weathering：The Life of Buildings in Time[M]. Cambridge，Massachusetts：The MIT Press，1993.

[76] David Leatherbarrow，Mohsen Mostafavi. Surface Architecture[M]. Cambridge，Massachusetts：The MIT Press，2002.

[77] 孙凌波 . 第 7 届能源论坛：太阳能建筑表皮 [J]. 世界建筑，2013（1）.

[78] 李军 . 古典主义、结构理性主义与诗性的逻辑——林徽因、梁思成早期建筑设计与思想的再检讨 [J]. 中国建筑史论汇刊，2012（4）.

[79] Kenneth Flampron. Modern Architecture，A Critical History[M]. London：Thames and Hudson Ltd，1985.

[80] 王骏阳 .《建构文化研究》译后记（上）[J]. 时代建筑，2011（7）.

[81] John Musgrove. "Rationalism（Ⅱ）". The Dictionary of Art[M]. Oxford：Oxford University Press，1998.

[82] Kenneth Frampton. Modern Architecture：A Critical History[M]. New York：Thamesand Hudson，1992.

[83] 胡子楠 . 诗意制作 [D]. 天津：天津大学，2013.

[84] 张利，姚虹 . HPP 与德国现代建筑的理性主义传统 [J]. 世界建筑，2000（8）.

[85] 王骏阳 . "结构建筑学" 与 "建构" 的观点 [J]. 建筑师，2015，174（4）.

[86] 彭怒 . "建构学的哲学" 解读 [J]. 时代建筑，2004（6）.

[87] 米切尔·席沃扎著 . 卡尔·波提舍建构理论中的本体与表现 [J]. 赵览译 . 时代建筑，2010（3）.

[88] 谢明潭 . 十九世纪德国的 "风格" 论战 [D]. 南京：南京大学，2012.

[89] 爱德华·F·塞克勒著 . 结构，建造，建构 [J]. 凌琳译 . 时代建筑，2009（2）.

[90] 史永高 . "新芽" 轻钢复合建筑系统对传统建构学的挑战 [J]. 建筑学报，2014（1）.

[91] Kenneth Frampton. Studies in Tectonic Culture：The Poetics of Construction in Nineteenth and Twentieth Century Architecture [M]. Cambridge：MIT Press，1995.

[92] 卡雷斯·瓦洪拉特著 . 对建构学的思考——在记忆的呈现与隐匿之间 [J]. 邓敬译 . 时代建筑，2009（5）.

[93] 王丹丹 . "过时的" 和 "即时的" 材料策略 [J]. 新建筑，2010（1）.

[94] 王丹丹 . 19 世纪西方结构形态和结构材料关系的两面性 [J]. 建筑师，2014（02）.

[95] Ornament and Education，1924. Adolf Loos（1998）. Ornament and Crime：Selected essays，Riverside：Ariadne Press.

[96] [ 英 ]E. H. 贡布里希著 . 秩序感 [M]. 范景中，杨思梁，徐一维译 . 长沙：湖南科学技术出版社，1999.

[97] David Brett，Rethinking Decoration：Pleasure and Ideology in the Visual Arts[M]. Cambridge：Cambridge University Press，2005.

[98] [澳]詹妮弗·泰勒著 . 槙文彦的建筑：空间·城市·秩序和建造 [M]. 马琴译 . 北京：中国建筑工业出版社，2007.

[99] 魏智强 . 纳米技术在建筑材料中的发展与应用 [J]. 中国粉体技术，2005，11（1）.

[100] 段宝荣，王全，马先宝等 . 皮革阻燃技术研究进展 [J]. 西部皮革，2008，30（6）.

[101] 卫大可，刘德明，郭春燕 . 建筑形态的结构逻辑 [M]. 北京：中国建筑工业出版社，2013.

[102] 叶天泉，刘莹，郭勇 . 房地产经济辞典 [M]. 沈阳：辽宁科学技术出版社，2005.

[103] 莫衡 . 当代汉语词典 [M]. 上海：上海辞书出版社，2001.

[104] 蒋永福，吴可，岳长龄 . 东西方哲学大辞典 [M]. 南昌：江西人民出版社，2000.

[105] 李腾飞 . 文化综合体建筑展览空间效果评价及设计方法研究 [D]. 合肥：合肥工业大学，2013.

[106] 方程 . 高校图书馆建筑阅览空间效果评价及设计策略研究 [D]. 合肥：合肥工业大学，2015.

[107] 唐达成 . 文艺赏析辞典 [M]. 成都：四川人民出版社，1989.

[108] [奥]阿道夫·路斯著 . 饰面的原则 [J]. 史永高译 . 时代建筑，2010（3）.

[109] 刘一星，于海鹏，张显权 . 木质环境的科学评价 [J]. 华中农业大学学报，2003，22（5）.

[110] 王洪羿，周博，范悦，陆伟 . 养老建筑内部空间知觉体验与游走路径研究——以北方地区城市、农村养老设施为例 [J]. 建筑学报，2012（7）.

[111] Beckwith Ⅲ J. R. Theory and Practice of Hardwood Color Measurement[J]. Wood Sci.，1979（11）.

[112] 张翔等 . 木材材色的定量表征 [J]. 林业科学，1990（26）.

[113] 刘一星，李坚，徐子才，崔永志 . 我国 110 个树种木材表面视觉物理量的综合

统计分析 [J]. 林业科学，1995，31（4）.

[114] 李坚. 木材涂饰与视觉物理量 [M]. 哈尔滨：东北林业大学出版社，1997.

[115] 刘一星，李坚，郭明晖，于晶，王缘棣. 中国 110 树种木材表面视觉物理量的分布特征 [J]. 东北林业大学学报，1995，23（1）.

[116] 白雪冰. 基于计算机视觉板材表面纹理分类方法的研究 [D]. 哈尔滨：东北林业大学，2006.

[117] Ojala T，Pietikinen M. Harwood DA. Comparative Study of Texture Measures with Classification Based on Feature Distribution[J]. Pattern Recognition，1996，1（29）.

[118] Baraldia，Parmiggian F. An Investigation of Texture Characteristics Associated with Gray Level Co-occurrence Matrix Statistical Parameters[J]. IEEE Trans. On Geoscience and Remote sensing，1995，33（2）.

[119] Aksoy S，Haralick R M. Feature Normalizetion and Likehood-based Similarity Measure for Image Retrieval[J]. PRL，2001，22（5）.

[120] 王克奇，石岭，白雪冰等. 基于吉布斯 - 马尔可夫随机场的板材表面纹理分析 [J]. 哈尔滨：东北林业大学学报，2006，34（4）.

[121] 于海鹏，刘一星，刘镇波. 木材纹理的定量化算法探究 [J]. 福建林学院学报，2005，25（2）.

[122] 马岩. 利用板材端面纹理判断和识别板材几何参数的数学描述理论 [J]. 生物数学学报，2005，20（2）.

[123] 白雪冰，王克奇，王辉. 基于灰度共生矩阵的木材纹理分类方法的研究 [J]. 哈尔滨工业大学学报，2005，37（12）.

[124] 于海鹏. 基于数字图像处理的木材表面纹理定量化研究 [D]. 哈尔滨：东北林业大学，2004.

[125] 李晋. 图像视觉特征与情感语义映射方法的研究 [D]. 太原：太原理工大学，2008.

[126] 仇芝萍. 径向木纹视觉特性研究 [D]. 南京：南京林业大学，2011.

[127] 石岭. 基于马尔可夫随机场的木材表面纹理分类方法的研究 [D]. 哈尔滨：东北林业大学，2006.

[128] 张中佳，孟庆午. 木材表面粗糙度测量技术 [J]. 木工机床，2009（5）.

[129] 王洁瑛，李黎. 木材表面粗糙度的分析王明枝 [J]. 北京林业大学学报，2005，27（1）.

[130] 于海鹏，刘一星，刘迎涛．国内外木质环境学的研究概述 [J]. 世界林业研究，2003，16（6）．

[131] 陈潇俐，潘彪．红木类木材表面材色和光泽度的分布特征 [J]. 林业科技开发，2006，20（2）．

[132] 何拓，罗建举．20 种红木类木材颜色和光泽度研究 [J]. 林业工程学报，2016，1（2）.

[133] 于海鹏，刘一星，罗光华．聚氨酯漆透明涂饰木材的视觉物理量变化规律 [J]. 建筑材料学报，2007，10（4）．

[134] 刘一星，李坚，于晶，郭明晖．透明涂饰处理前后木材表面材色和光泽度的变化 [J]. 家具，1995（3）．

[135] 于海鹏，刘一星，刘镇波．应用心理生理学方法研究木质环境对人体的影响 [J]. 东北林业大学学报，2003，31（6）．

[136] 杨公侠，郝洛西．视觉环境的非量化概念 [J]. 光源与照明，1999（1）．

[137] 于海鹏，刘一星，刘镇波，张显权．基于改进的视觉物理量预测木材的环境学品质 [J]. 东北林业大学学报，2014，32（6）．

[138] 吴珊．家具形态元素情感化研究 [D]. 北京：北京林业大学，2009．

[139] Mohsen Mostafavi，David Leatherbarrow. On Weathering：The Life of Buildings in Time[M]. Cambridge，Massachusetts：The MIT Press，1993．

[140] 马丁·波利，诺曼·福斯特．世界性的建筑 [M]. 北京：中国建筑工业出版社，2004．

[141] [ 美 ] 阿恩海姆著．艺术与视知觉 [M]. 滕守尧，朱疆源译．成都：四川人民出版社，1998．

[142] 张篙．图底关系在建筑空间研究中的应用 [J]. 新建筑，2013（3）．

[143] 李向伟．图—底关系散论 [J]. 南京艺术学院学报，2004（2）．

[144] [ 美 ] 弗兰克·劳埃德·赖特著．赖特论美国建筑 [M]. 姜涌，李振涛译．北京：中国建筑工业出版社，2010．

[145] [ 丹麦 ]SE 拉斯姆森著．建筑体验 [M]. 刘亚芬译．知识产权出版社，2003．

[146] Christian Norberg-Schulz. Architecture：Presence，Language&Place[M]. Milan，Italy：Skira Editore，2000．

[147] 新浪博客．家的想象与性别差异 [EB/OL].（2013-1-1）[2015-10-26]. http://blog.

sina. com. cn/s/blog_a6eb92f00101cmnt.html.

[148]　Juhani Pallasmaa. An Architecture of the Seven Sence[J]. a+u，1994（7）.

[149]　周凌 . 空间之觉：一种建筑现象学 [J]. 建筑师，2003（10）.

[150]　Juhani Pallasmaa. The Eyes of the Skin：Architecture and the Senses[M]. Chichester：
　　　　Wiley-Academy，2005.

[151]　邢野 . 当代建筑人文尺度的现象学研究 [D]. 成都：西南交通大学，2005.

[152]　Steven Holl. Anchoring [M]. New York：Priceton Architectural Press，1989.

[153]　沈克宁 . 建筑现象学 [M]. 北京：中国建筑工业出版社，2007. .

[154]　沈克宁 . 建筑现象学初议——从胡塞尔和梅罗·庞蒂谈起 [J]. 建筑学报，1998.

[155]　Juhani Pallasmaa. Alvar Aalto：Villa Mairea 1938-39[M]. Helsinki：Alvar Aalto
　　　　Foundation and Mairea Foundation，1998.

[156]　Peter Zumthor. Atmospheres：Architectural Environments Surrounding Objects [M].
　　　　Basel：Birkhäusr，2006.

[157]　新浪博客 . 隐士大师的设计观 [EB/OL].（2013-3-25）[2016-5-16]. http://blog. sina.
　　　　com. cn/s/blog_6bb74f9c0102ecay.html.

[158]　刘东洋 . 卒姆托与片麻岩：一栋建筑引发的 "物质性" 思考 [J]. 新建筑,2010（2）.

[159]　Grau Oliver 著 . 虚拟技术 [M]. 陈玲译 . 北京：清华大学出版社，2007.

[160]　马涛，许柏鸣 . 空间设计中材料手法化的探讨 [J]. 家具与室内装饰，2016（2）.

[161]　马涛，许柏鸣 . 新型木质马赛克装饰板的生产工艺初探 [J]. 木材工业，2016，
　　　　30（5）.

[162]　爱德华·F·塞克勒著 . 结构，建造，建构 [J]. 凌琳译 . 时代建筑，2009（2）.

[163]　马涛，张爽 . 隈研吾设计中的材料策略 [J]. 家具与室内装饰，2014（6）.

[164]　Daici Ano. GC 口腔科学博物馆 [J]. 中国建筑装饰装修，2011.

[165]　国萃 . 材料表达的误读 [J]. 中外建筑，2011.

[166]　张朔炯 . 形态生成和物质呈现——整合化设计 [J]. 时代建筑，2012（2）.

[167]　3D 打印世界 . 这些 3D 打印椅子简直美翻了 ![EB/OL].（2017-1-18）[2017-2-2].
　　　　http://3dprint. ofweek. com/2017-01/ART-132105-8130-30093153.html.

[168]　王俊锋 . 虚拟的材料 [J]. 时代建筑，2015（6）.

[169]　Lisa Iwamoto. Digital Fabrications[M]. New York：Princeton Architecture Press，2009.

[170]　搜狐公众平台．两天砌完一栋房！世界首台全自动砌砖机器人面世！[EB/OL]．
（2016-08-03）[2016-9-6]. http://mt. sohu. com/20160803/n462393720. shtml.

[171]　豆瓣同济建筑考研．机械臂建造 -- 记同济建筑数字夏令营（上篇）[EB/OL].
（2015-07-25）[2016-8-2]. http://www. douban. com/note/509941359.

[172]　任军．当代建筑的科学之维——新科学观下的建筑形态研究 [M]．南京：东南大
学出版社，2009.

[173]　[英] 迈克尔·亨塞尔，[德] 阿西姆·门奇斯，[英] 迈克尔·温斯托克著．新
兴科技与设计——走向建筑生态典范 [M]．[新加坡] 陆潇恒译．北京：中国建筑
工业出版社，2014.

[175]　Dimitris Kottas. Architecture and Construction in Plastic[M]. A&J International
Design Media Limited,Mark China Magazine.